OpenModelica 入门指南与实操

吕 红 洪 浩 李文姬 等 编著

中国原子能出版社

图书在版编目(CIP)数据

OpenModelica入门指南与实操 / 吕红等编著 .
—北京 ：中国原子能出版社，2023.12（2025.6重印）

ISBN 978-7-5221-3121-4

Ⅰ.① O… Ⅱ.① 吕… Ⅲ.① 物理学-系统建模
② 物理学-计算机仿真 Ⅳ.① O4-39

中国国家版本馆 CIP 数据核字(2023)第 219367 号

OpenModelica 入门指南与实操

出版发行 中国原子能出版社(北京市海淀区阜成路 43 号 100048)
责任编辑 赵 艳
装帧设计 邢 锐
责任校对 冯莲凤
责任印制 赵 明
印　　刷 北京厚诚则铭印刷科技有限公司
经　　销 全国新华书店
开　　本 787 mm×1092 mm 1/16
印　　张 12
字　　数 300 千字
版　　次 2023 年 12 月第 1 版 2025 年 6 月第 3 次印刷
书　　号 ISBN 978-7-5221-3121-4 **定　价** **88.00 元**

OpenModelica 入门指南与实操

编审委员会

田瑞航　王　鑫　刘宝亭　周美五　孙世民
陈卫华　罗亚林　张　洁　周建秋　许建兵
王云福　颜斯泰

编著者

吕　红　洪　浩　李文姬　黄政锋　魏欣南
罗福红　陈明亮

前　言

OpenModelica 是支持 Modelica 语言的多领域物理系统统一建模与仿真开源环境，具有良好的扩展性，可通过接口调用 C/C++、Python 和 FORTRAN 等语言编写的外部函数。

Modelica 语言几乎可以用于所有工程领域的系统建模与仿真，目前已广泛应用于航空、航天、汽车、能源、电力、电子、机械、化学、控制、流体等行业和领域。当前，Modelica 语言已经发展成为多领域物理系统统一建模的事实标准和开放规范，是世界公认的基于模型的系统设计 MBSE（Model-Based Systems Engineering）和赛博物理系统 CPS（Cyber Physical System）的关键核心支撑技术，对于企业的数字化转型和设计具有重要意义。中国广核集团的陆上小堆战略专项瞄准技术发展前沿，开展基于模型的数字化设计研发平台的建设工作，Modelica 便是其中的核心支撑技术，将在陆上小堆型号研发设计阶段的参数匹配、快速方案分析、设计选型和设计优化等方面发挥重要作用。

本书的主要目的是帮助初学者全面了解 OpenModelica 和 Modelica 语言所涉及的知识点，并快速上手。本书结合具体实例深入浅出地介绍了 OpenModelica V1.18.1 的基础和高级特性、图形化建模、文本化建模、层级化建模方法及 Modelica 标准库和其他开源库的内容。

本书的内容结构如下：

第 1 章为 OpenModelica 基础，主要对 OpenModelica 的功能、特点、架构、安装、启动与界面进行介绍。

第 2 章为简单实例图形化建模仿真，通过电气、流体、机械和暖通不同领域的简单实例对 OMEdit 图形化建模仿真的基本操作方法进行详细讲解，以便读者可以快速使用 OpenModelica。

第 3 章为层级式建模方法，详细介绍了层级化建模方法以及涉及的模型库组织技术，如组织原理、加载、版本管理、保存、卸载和修改，并以直流电机驱动系统为例，讲解了如何对较为复杂的实例进行图形化建模仿真，以便读者今后可以对复杂系统进行建模仿真。

第 4 章为文本建模，介绍了 Modelica 语言的基础知识，如模型、变量、方程、算法等关键知识点。

第 5 章为 OpenModelica 高级特性，介绍了 OpenModelica 的高级使用特性，如 FMI、C/C＋＋、FORTRAN、Python、matlab 的接口调用以及 OMShell 的使用方法。

第 6 章为 Modelica 标准库及其他开源模型库，主要介绍 Modelica 标准库的使用范围和使用方法及部分其他开源模型库的功能。

在本书的撰写过程中，参考了 OpenModelica 和 Dymola 用户手册及 Modelica 等官网信息。此外，还得到许多专业人士的支持，在此，对他们表示由衷的感谢。首先，感谢核电安全技术与装备全国重点实验室在本书编写过程中给予的帮助和支持，感谢中国广核集团陆上小堆战略专项总指挥刘宝亭和总工程师周美五的技术指导，感谢周志钢、景晓冬、赵栋、许心炜、毛峰、黄惠珍、靳先静、罗利红、张宇、王浩和宋波对 Modelica 标准库的研究；其次，感谢中广核工程有限公司田瑞航、王鑫、陈卫华、罗亚林、周建秋、张洁、许建兵、王云福等各级领导的充分信任和支持；最后，特别感谢现任中广核工程有限公司副总工程师孙世民对本书的结构、内容及文字表述等方面的指导。

由于笔者知识水平有限，书中难免有疏漏之处，欢迎广大读者批评指正。读者可以通过电子邮件 lvhonglx@126. com 与我们交流，不胜感谢。

吕　红

2023 年 3 月 31 日

目录

第 1 章　OpenModelica 基础

1.1　OpenModelica 概述

OpenModelica 是支持 Modelica 语言的多领域物理系统统一建模与仿真开源环境，具有良好的扩展性，可通过接口调用 C/C++、Python 和 FORTRAN 等主流语言编写的外部函数。

在介绍 OpenModelica 之前，我们有必要大概了解一下什么是 Modelica 语言，它有什么特点，以及可以用来做什么。Modelica 语言是一种基于方程的、面向对象的、开源的系统建模与仿真语言，由瑞典 Linköping 的非营利组织 Modelica 协会开发。Modelica 语言具有面向对象建模、多领域统一建模、基于非因果建模、支持连续离散的混合建模以及通用性、标准化和开放性的特点[1]。Modelica 语言中的模型使用微分方程、代数方程和离散方程的数学描述形式，无须人工来求解特定的变量，Modelica 工具具有足够的信息来自动求解。Modelica 的设计使得有可用的专门算法可对超过 10 万个方程的大型模型进行处理。Modelica 语言几乎可以用于所有工程领域的系统建模与仿真，目前已开发了包括了电气、机械、液压、热力、生物、控制等多领域模型库，如 Modelica 标准库（Modelica Standard Library，MSL），被广泛应用于航空、航天、汽车、能源、电力、电子、机械、化学、控制、流体等行业或领域的企业，如达索、空客、奔驰、宝马、特斯拉、EDF 等，适合并已用于半实物仿真和嵌入式控制系统。

目前，Modelica 语言已经发展成为多领域物理系统统一建模的事实标准和开放规范，是世界公认的基于模型的系统设计 MBSE（Model-Based Systems Engineering）和赛博物理系统 CPS（Cyber Physical System）的关键核心支撑技术，对于企业的数字化转型和设计具有重要意义。关于 Modelica 语言的基础语法以及高级特性的基本使用等详细内容可以参考本书第 4 章和第 5 章，更多信息可参考 Modelica 语言的官网 http：//www. modelica. org/。

OpenModelica 是基于以二进制和源代码形式分发的自由软件，主要用于研究、教学和工业应用。OpenModelica 的最新版本是 V1.18.1，其包含 Modelica 编译器 OMC、图形编辑器 OMEdit、文本交互式会话处理程序 OMShell、交互式电子书 OMNotebook、基于 OMNotebook 的交互式控制理论教材 DrControl、用于工程优化的 OMOptim、用于仿真的 OMSimulator、用于三维可视化的 3D Visualization，外部接口 OMPython、OMJulia 和 OMMatlab 等。

为了更好地使用 OpenModelica，有必要对其架构设计进行了解。OpenModelica 的整体架构设计如图 1.1 所示，图中的箭头代表数据和控制流。OpenModelica 的整体架构是围绕 OMC 进行构建的，OMC 是 OpenModelica 的核心模块，与所有功能模块进行通信并对模型进行编译。围绕 OMC 有多种模块，包括实现教学功能、与其他语言交互、为模拟提供功能优化等几类，其中实现教学功能的主要有 OMNotebook 和 Interactive Notebooks 等；实现与其他语言接口的主要有 OMPython、OMMatlab、OMJulia 和 MDT Eclipse Plugin 等；为模拟提供功能优化的主要包括 OMOptim 等，以下选取一些有代表性的模块进行介绍：

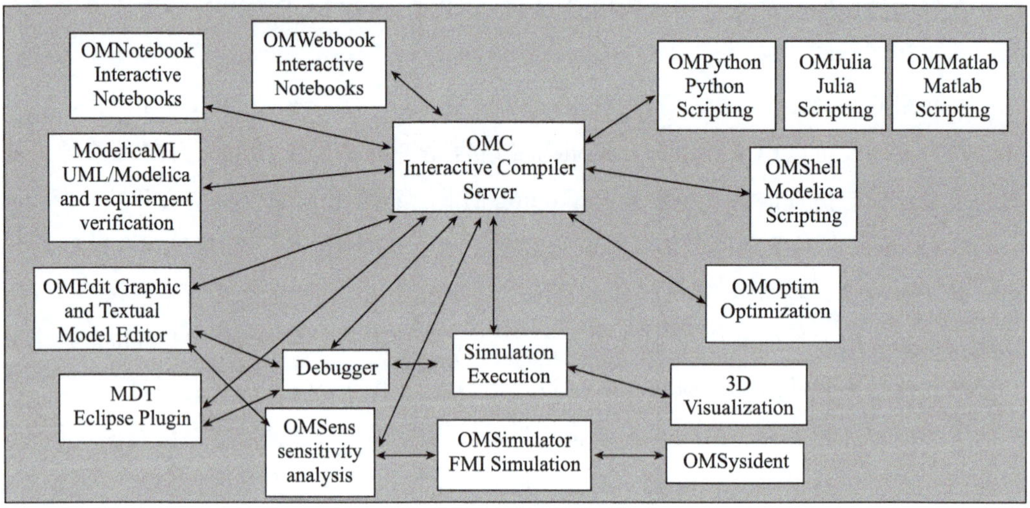

图 1.1　OpenModelica 环境架构图

（1）OMC

OMC（Advanced Interactive OpenModelica Compiler）是 OpenModelica 用于对 Modelica 语言进行编译的编译器，是 OpenModelica 的核心部分。OMC 使用预定义的、用户定义的或从库中获得的关于类、函数和变量定义的符号表将 Modelica 语言转换为 C 语言。OMC 还包括用于交互使用和常量表达式计算的 Modelica 解释器，以及用于通过与特定 ODE 或 DAE 求解器连接而构建的仿真可执行程序。

（2）OMShell

OMShell（Interactive OpenModelica Shell）是一个文本交互式会话处理程序，界

面如图 1.2 所示。OMShell 为需要使用 OMC 的用户提供一个文本交互环境，通过解析和解释用户输入的命令及 Modelica 表达式，并将解析结果中需要仿真的部分发送给 OMC，获取仿真结果后反馈给用户用于评估、模拟和绘图等。

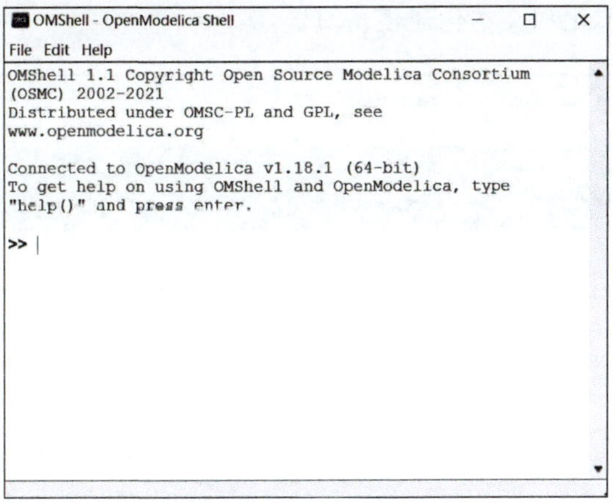

图 1.2　OMShell 界面

（3）OMNotebook

OMNotebook（OpenModelica NoteBook）是 OpenModelica 的交互式电子书，该子系统提供了一个轻量级电子书编辑器，主要用于教学和提供课程材料，界面如图 1.3 所示。OMNotebook 包含了用于学习 Modelica 语言的 DrModelica 及用于学习控制理论的 DrControl。使用 OMNotebook 自带的编辑器可以对 DrModelica 和 DrControl 中的模型进行编辑、仿真及绘图等。

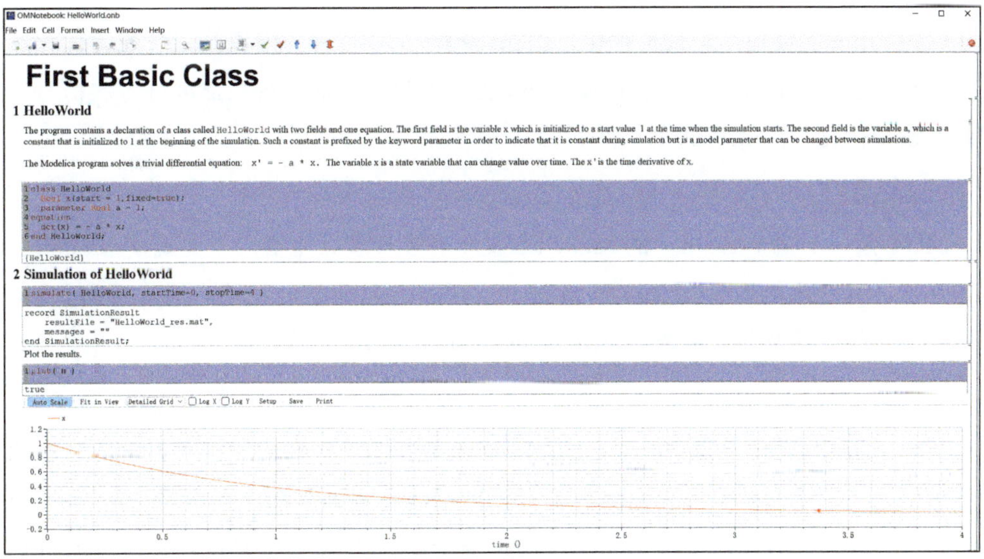

图 1.3　OMNotebook 界面

（4）OMEdit

OMEdit（OpenModelica Connection Editor）是一个图形编辑器，界面如图 1.4 所示，其为用户提供易于使用的模型创建、连接编辑、模型仿真和结果绘制等功能。OMEdit 同时支持图形化和文本化建模仿真。

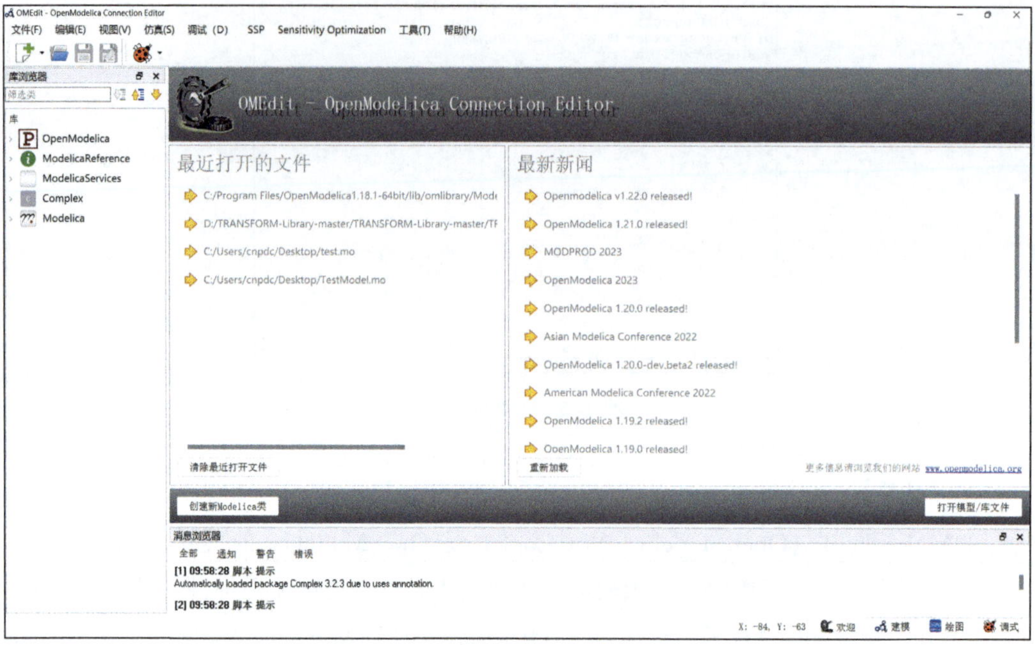

图 1.4　OMEdit 界面

（5）OMOptim

OMOptim 主要应用于设计优化，例如，提高工业过程的能源效率、配置优化、参数优化和动态控制优化等任务。OMOptim 支持通过传统的参数扫描进行多次仿真，实现静态设计优化。

（6）MDT

MDT 是一个基于 Eclipse 的 Modelica 文本开发环境，主要用于大规模 Modelica 项目的开发，其具体功能包含支持对 Modelica 项目、包和类的浏览，构建可执行程序，语法颜色高亮显示及语法检查等。MDT 的界面如图 1.5 所示。

（7）ModelicaML

ModelicaML 是用于描述时间连续、时间离散和基于事件的系统动力学的图形化系统建模语言，用于系统架构和系统动态行为的描述，界面如图 1.6 所示。ModelicaML 是基于统一建模语言 UML 和 Modelica 的扩展子集，类似于 SysML，支持生成可执行的 Modelica 代码。ModelicaML 提供更多的表示类的组成、连接、继承或行为的 UML

图来扩展 Modelica 的图形建模功能。此外，ModelicaML 支持使用仿真对系统需求进行评估。

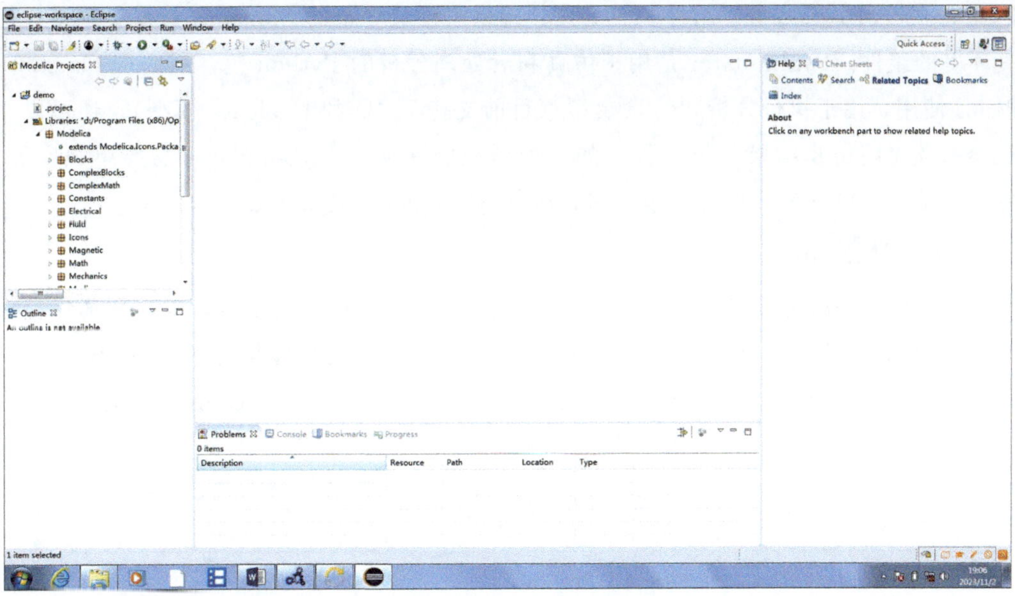

图 1.5　MDT 界面

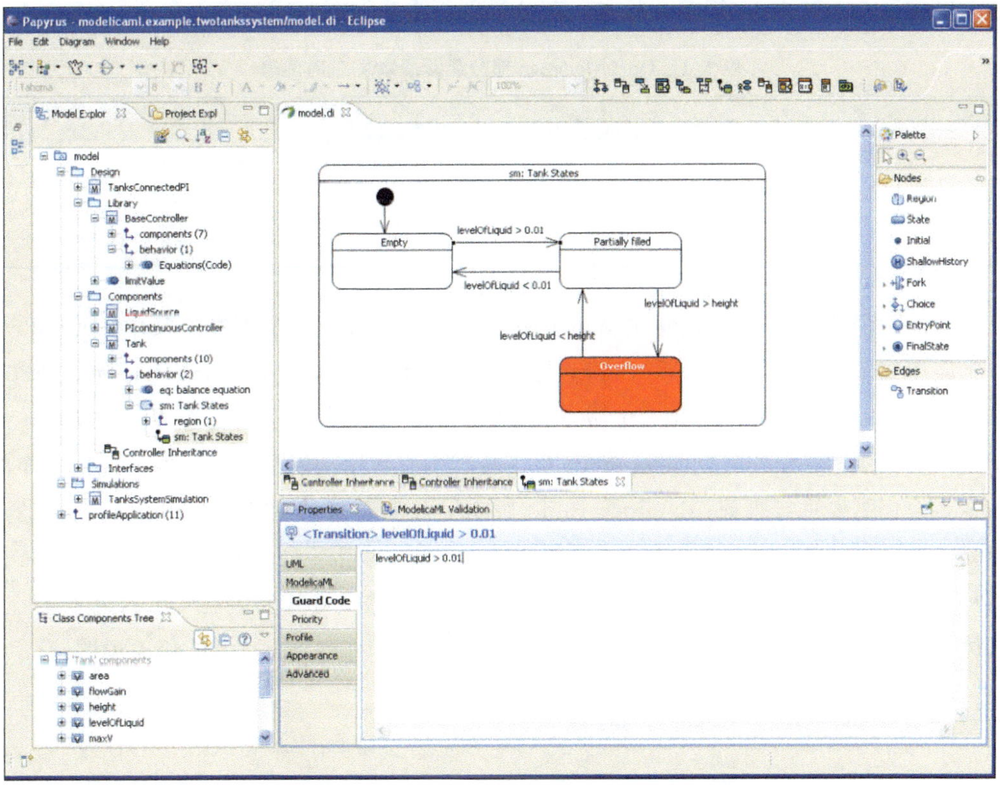

图 1.6　ModelicaML 构建模型仿真过程示意图

(8) OMPython/PySimulator

OMPython 是 Python 脚本接口，是一个免费的、开源的、高度可移植的、基于 Python 的交互式命令处理程序。它为用户提供了创建完整的 Modelica 建模、编译和仿真环境的组件。PySimulator 是用于仿真和后处理分析的 Python 包，需结合 OpenModelica 使用，用于执行分析和仿真模型（目前支持 FMU 和 Modelica 模型），还可以用于绘图及应用仿真结果分析工具（如快速傅里叶变换）。PySimulator 需要单独安装，更多详细信息可参考 https：//github. com/PySimulator/PySimulator。

(9) OMSimulator

OMSimulator 是基于 FMI 标准的工业级开源协同建模仿真工具，支持普通连接和 TLM 连接，支持使用 FMI 标准的多源模型的大规模仿真和虚拟样机。OMSimulator 集成到 OpenModelica，但是也可以独立使用，即不依赖于 Modelica 模型的技术。

1.2 OpenModelica 安装

OpenModelica 的最初版本是于 2017 年 5 月发布 1.1 版本，随后五年多的时间内，陆续发布了 1.2 到 1.18 等多个版本，部分最新版本和发布时间如表 1.1 所示。

表 1.1 OpenModelica 部分最新版本发布时间表

序号	版本号	发布时间
1	1.16	2020 年 5 月 1 日
2	1.17	2021 年 3 月 23 日
3	1.18	2021 年 9 月 4 日

目前，最新的版本通常包含 Windows、Linux 和 Mac 3 个版本。其中，Windows 版本应用最多。在 Windows 和 Linux 上发布的版本通常包括 Official Release、Stable Development 和 Nightly Build 3 个版本，Official Release 版本包含已经固化的功能，属于正式发布版本；Stable Development 版本是在所有新增功能都已经开发完成后发布的版本，但仍需要进行验证；Nightly Build 版本则倾向于最前沿功能的开发，这样的功能是提供给开发者和测试者的，并不是提供给用户的。以上不同版本均包含 32 位和 64 位两种。Mac 版本在 1.16 版本后已经停止更新，官方建议将其安装在 Linux 虚拟机上，具体的安装方式可参照官网（https：//www. openmodelica. org）上的相关说明。

1.2.1 Windows 环境下的安装

接下来介绍 Windows 开发环境下 OpenModelica1. 18. 1 的安装和卸载过程。下载安装程序前需要仔细甄别，确保下载所需要的 Windows 版本的安装程序。具体安装步骤如下：

第一步，运行安装程序，如图 1.7 所示。

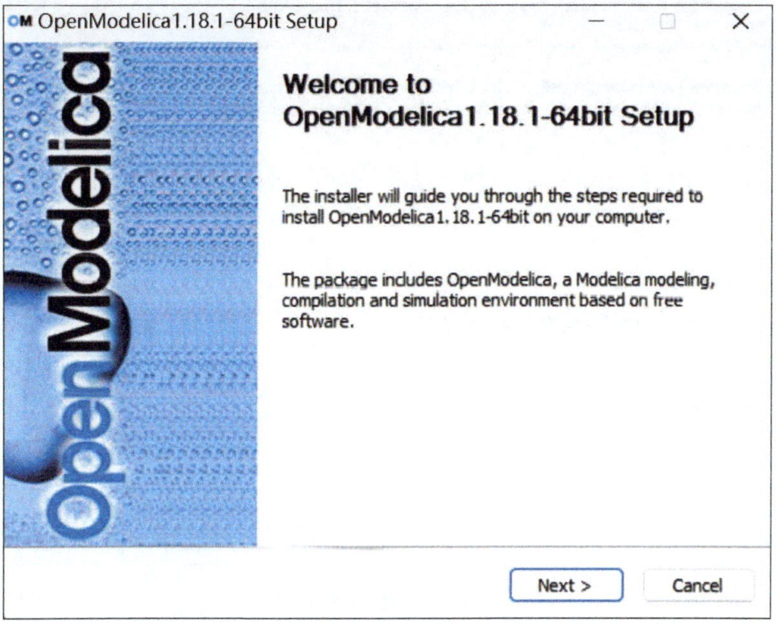

图 1.7　运行安装包

第二步，选择需安装的组件，如图 1.8 所示。

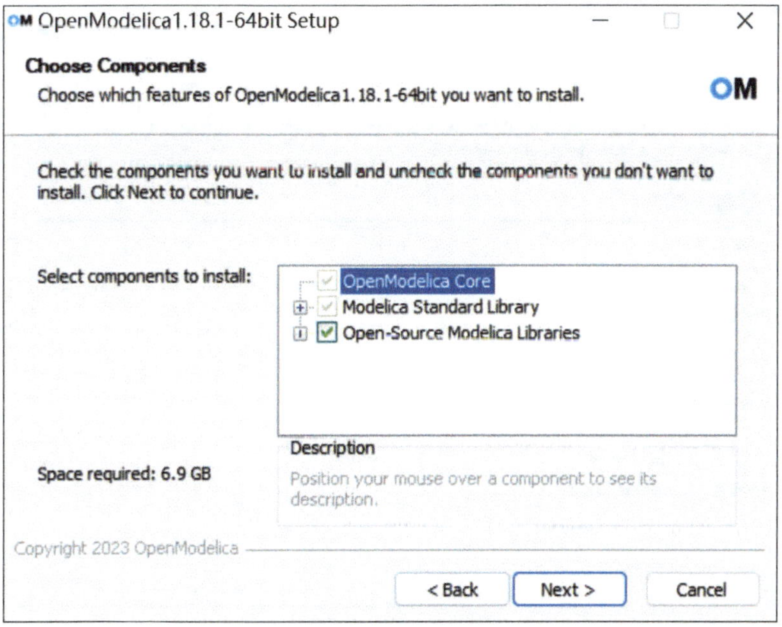

图 1.8　选择需安装的组件

第三步，选择安装路径，如图 1.9 所示。

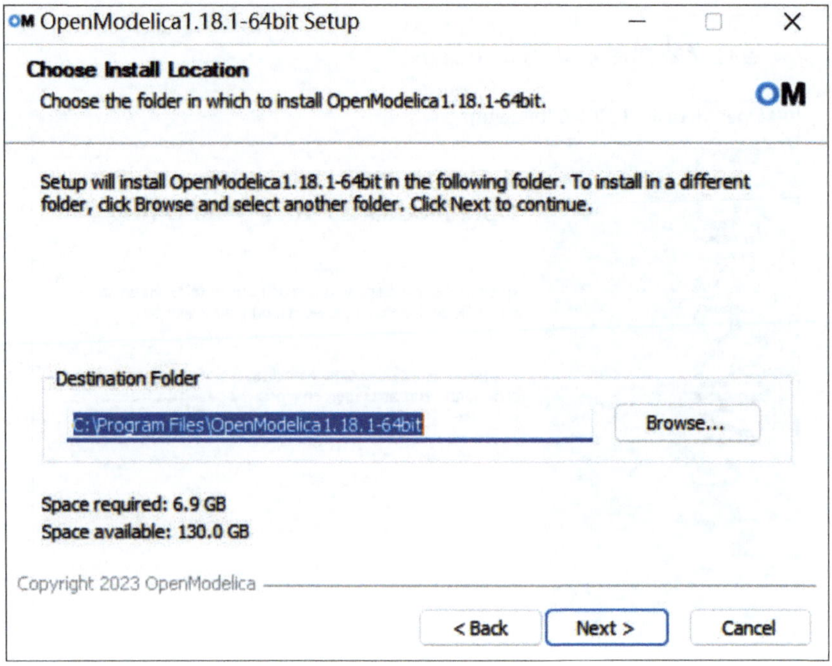

图 1.9　选择安装路径

第四步，选择是否更改开始菜单中的文件夹名称，如图 1.10 所示。

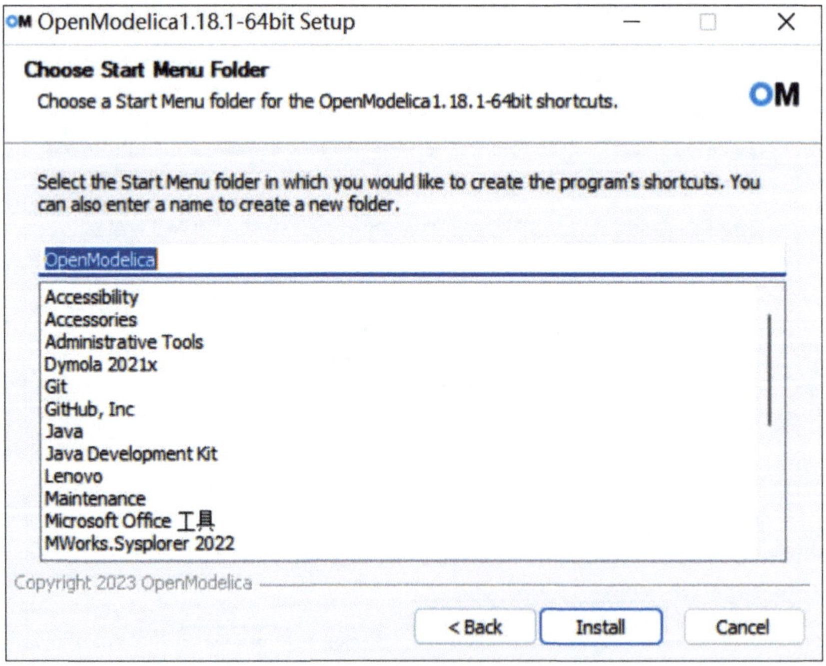

图 1.10　选择开始菜单中的文件夹名称

第五步，安装成功的界面如图 1.11 所示。

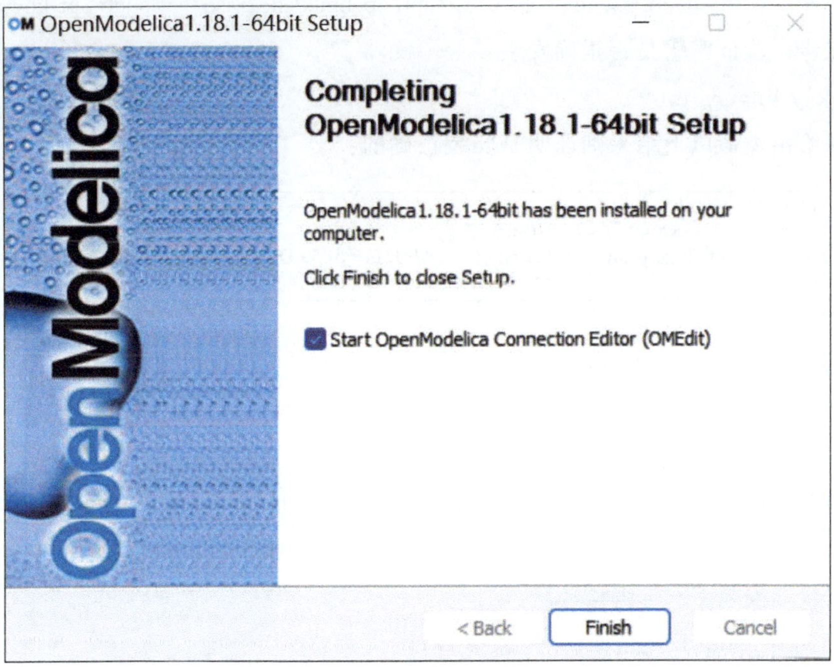

图 1.11　安装成功

1.2.2　Linux 环境下的安装

同 Windows 一样，Linux 包含 Official Realease、Stable Development 和 Nightly Build 版本。其中，Official Realease 仅包含经过验证的功能，具有自己的版本号，例如当前最新版本为 1.18.0。Stable Development 版本通常包含两种类型，第一种是以 dev. ** （** 为版本号）来命名，这种版本是当开发已经基本完整，但功能仍需要进行验证的时候发布，第二种以 dev. beta ** （** 为版本号）来命名，这种版本通常没有新功能增加，而仅仅是修正之前版本的 bug 而发布，当前最新版本同样为 1.18.0。Nightly Build 版本倾向于具有最新的功能，供开发者和测试者使用，命名方式为版本号加 dev，目前最新版本为 1.19.0-dev。

当前提供的 Linux 安装版本是 .deb 格式的包，deb 包基于 Ubuntu 与 Debian 的 jessie、stretch、xenial、bionic（x86、amd64、armv7）及最新的非长期支持（non-LTS）Ubuntu 版本进行编译，用户可以登录 OpenModelica 官网（https://www.openmodelica.org）来查询所支持操作系统版本信息。各操作系统对应 deb 包均使用最新的 OpenModelica 官方版本来编译，以下简要介绍在 Linux 上的安装过程，更详细的介绍请参照 OpenModelica 官网上的内容。

第一步，导入 GPG 密钥注册：

wget-q http：//build. openmodelica. org/apt/openmodelica. asc-0- | sudo apt-key add

第二步，验证密钥是否正确安装：

apt-key fingerprint

如果给出类似以下结果则证明是安装正确的：

```
# Gives output:
# pub     2048R/64970947 2010-06-22
#         Key fingerprint = D229 AF1C E5AE D74E 5F59 DF30 3A59 B536 6497 0947
# uid                        OpenModelica Build System
```

第三步，安装 OpenModelica：

sudo apt install openmodelica

第四步，安装 Modelica 模型库：

for PKG in 'apt-catche search " omlib-. * " | cut-d " " -f1'; do sudo apt-get install-y " $ PKG";

第五步，安装 C++编译环境：

sudo apt install libomccpp

1.3 OMEdit 启动与界面

1.3.1 启动

OMEdit 是一个图形编辑器，其为用户提供易于使用的模型创建、连接编辑、模型仿真和结果绘制等功能。OMEdit 同时支持图形化和文本化建模仿真。本章简要介绍 OMEdit，并演示如何使用编辑器创建 DCMotor 模型。

在 Windows 环境下，可以在 OpenModelica 的安装目录下找到可执行文件 OMEdit. exe。或从 Windows 的开始菜单中选择 OpenModelica Connection Editor 来启动 OMEdit。在 Linux 环境下，可以通过相应的图形化界面或命令行输入“omedit”来启动 OMEdit。OMEdit 的启动界面如图 1.12 所示。

图 1.12　OMEdit 启动界面

1.3.2　主界面与浏览器

OMEdit 启动后会看到如图 1.13 所示的主界面。主界面包含菜单栏、工具栏、库浏览器、文档浏览器、变量浏览器和消息浏览器，分别对应图 1.13 中的 1、2、3、4、5 和 6 标注的部分。

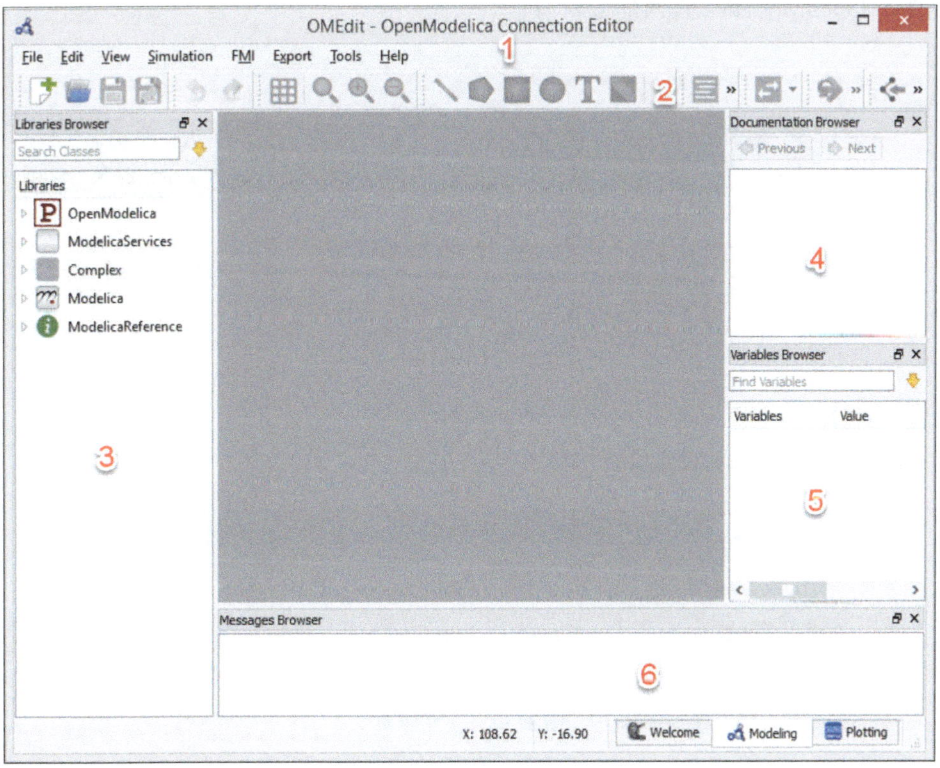

图 1.13　OMEdit 主界面

菜单栏包含文件、编辑、视图、仿真、调试、SSP、Sensitivety Optimization、工具和帮助。

工具栏包含文件、编辑、视图、形状、仿真和调试等常用工具。

库浏览器用来显示所有已加载的 Modelica 模型库，这些模型库以带有名称和图标的树状结构显示，默认情况下不显示受保护的类。

文档浏览器用来显示 Modelica 模型的 HTML 注释文档，包括 annotation 中标注的内容。文档浏览器可以显示文字和图片等多项内容，允许以 HTML 格式编写注释文档。

变量浏览器以树状结构显示仿真结束后变量的结果。每个变量都有一个复选框，勾选复选框将绘制变量的变化曲线图。顶部有一个查找框，可以使用正则表达式、通配符和固定字符串对树状结构中的变量进行筛选。

消息浏览器用来显示通知、警告和错误等所有信息。

1.3.3 欢迎、建模、调试与绘图界面

（1）欢迎界面

启动 OMEdit 后默认进入欢迎界面，如图 1.14 所示。欢迎界面可以看到最近打开的文件和 OpenModelica 官网的最新消息。

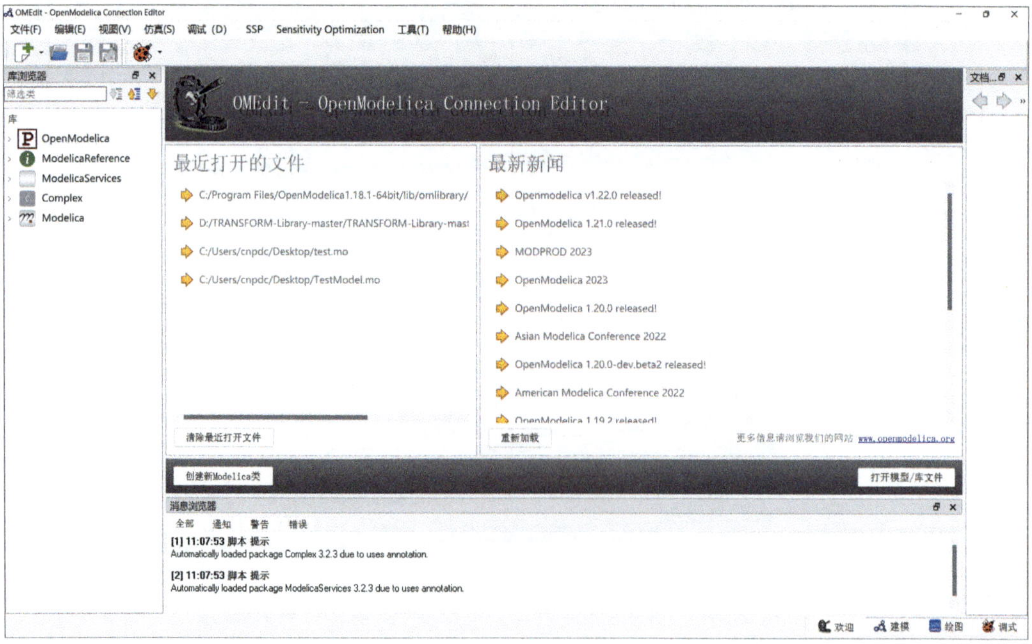

图 1.14　欢迎界面

（2）建模界面

建模界面提供了用户创建和设计模型的界面，如图 1.15 所示。建模界面有图标视图、组件视图、文本查看视图和文档视图。用户可以在上述 4 个视图中分别进行模型图标的创建与编辑（如图 1.15 所示）、模型图形化建模（如图 1.16 所示）、模型文本化建模（如图 1.17 所示）和注释文档的浏览与编辑（如图 1.18 所示）。

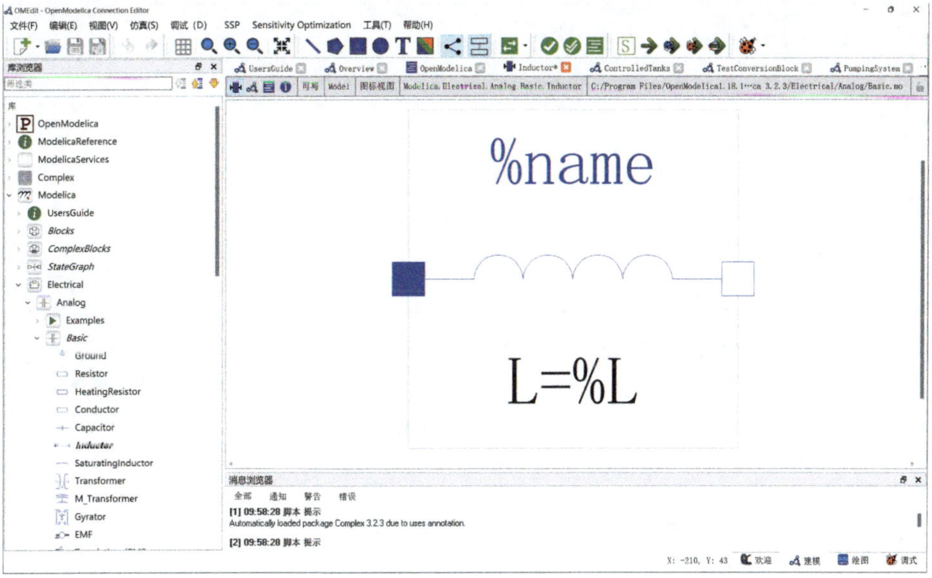

图 1.15　图标视图

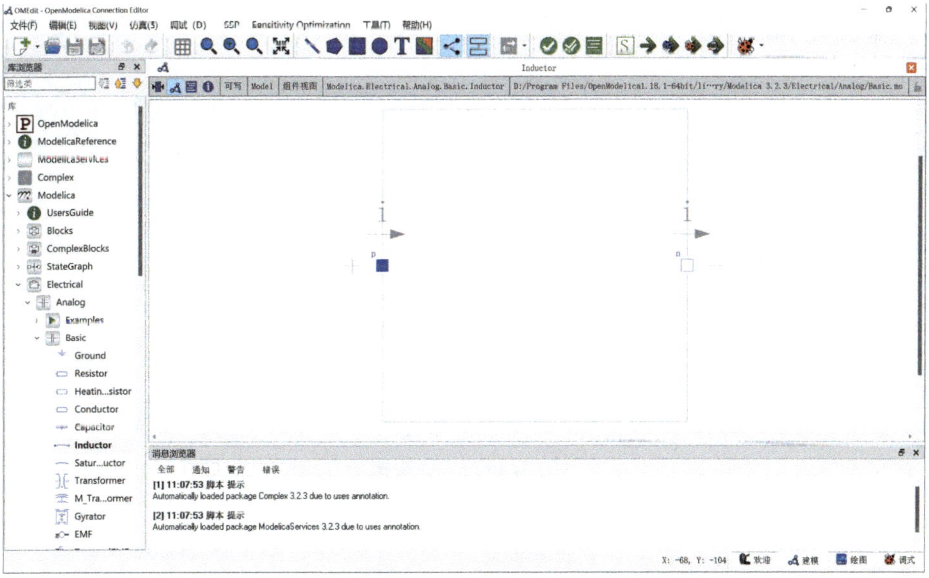

图 1.16　组件视图

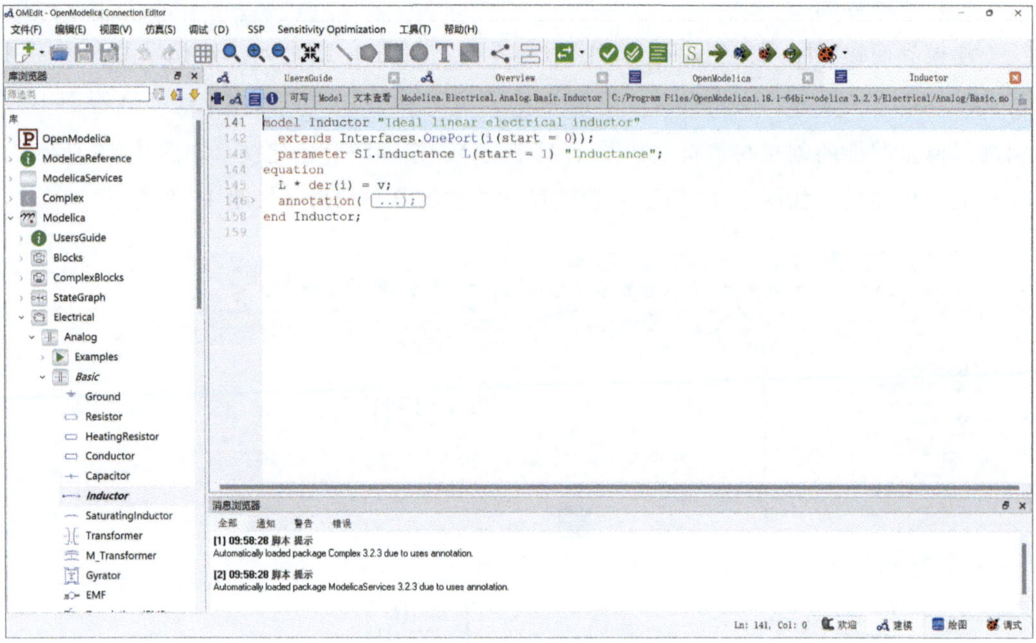

图 1.17 文本查看视图

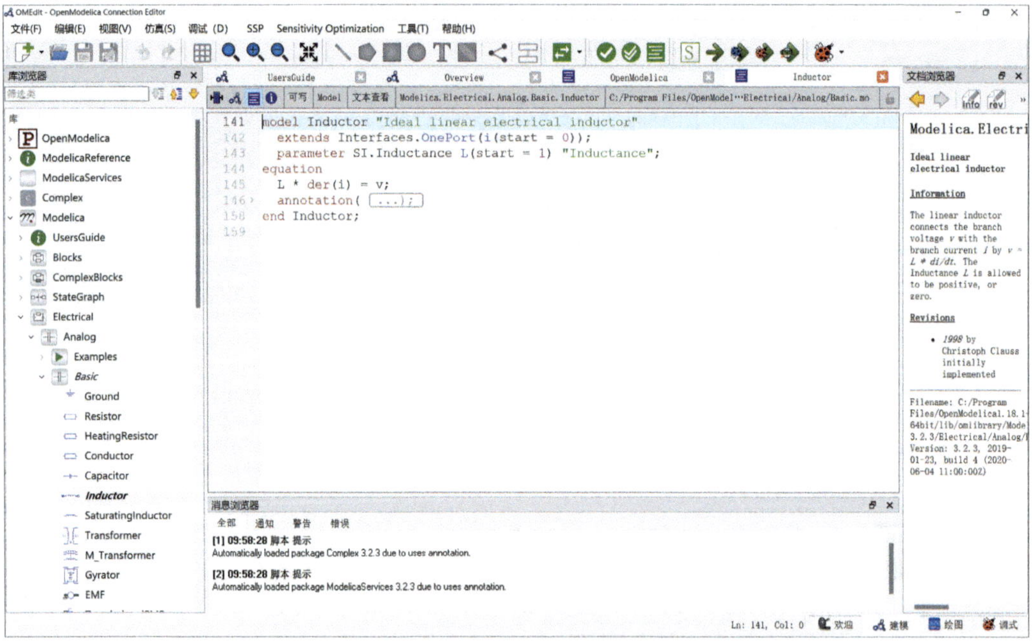

图 1.18 文档视图

（3）绘图界面

绘图界面用来显示模型的仿真结果，如图 1.19 所示。模型仿真完成后或打开 OpenModelica 支持的结果文件时，自动切换到绘图界面。

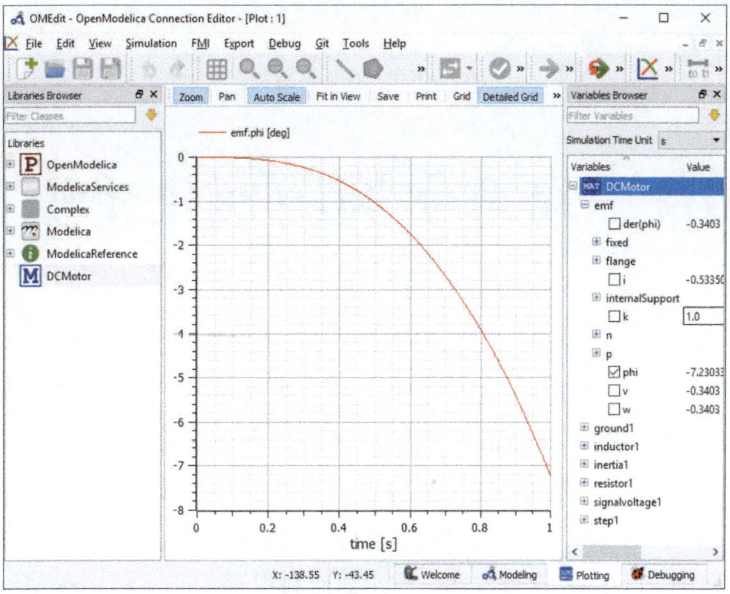

图 1.19　绘图界面

(4) 调试界面

调试界面提供了传统的调试功能，如设置断点、启动仿真、停止仿真和单步执行等。此外调试界面还提供了基于方程模型的调试。调试界面如图 1.20 所示。

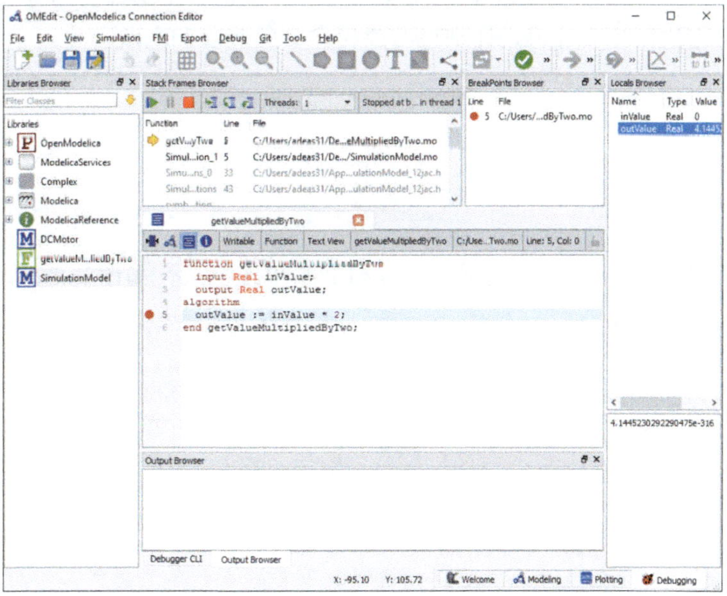

图 1.20　调试界面

以上简要介绍了 OMEdit 的界面，本书在第 2 章列举了操作实例，可以通过实例了解更详细的操作步骤和方法。

第 2 章　简单实例图形化建模仿真

当我们需要构建一个系统模型时，有 3 种思路来处理：第一种方法是从零开始构建系统，但是往往比较困难和耗时；第二种方法是调查市场上是否已有可用系统；第三种方法是调查是否有一些可以很容易地进行调整或修改的模型。如果第二种方法和第三种方法都不可行，则尽可能使用已有的组件构建系统，只在必要时进行开发。

接下来我们将选取几个简单实例来演示如何利用 Modelica 标准库 MSL 的组件模型进行图形化建模仿真。本章不对 MSL 进行展开介绍，详细介绍见本书第 6 章。本章选取了电气、流体、机械和暖通 4 个不同领域的简单实例，涵括了闭环和开环两种系统。同时，本章还结合实例循序渐进地对 OpenModelica 的常用功能和操作方法进行演示和说明。对于初学者而言，通过本章的实例操作演示，可轻松且快速掌握 OpenModelica 的基本使用方法，并对简单系统进行建模仿真。下面以几个不同专业领域的简单系统为例进行图形化建模仿真练习，详细说明建模仿真的步骤和方法。

2.1　RLC 电路

典型的 RLC 电路由电阻、电感、电容和电源相连组成，如图 2.1 所示。假设电阻 $R=100\ \Omega$，电感 $L=1$ H，电容 $C=1\times10^{-3}$F，电源电压 $U=24$ V，分析 RLC 电路的零状态响应。

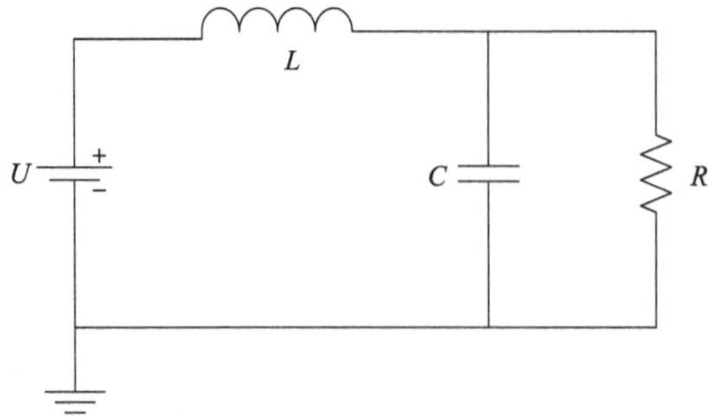

图 2.1　RLC 电路

2.1.1　创建新的模型

首先启动 OpenModelica，加载 Modelica 标准库并在库浏览器中展开。

接下来创建一个新的模型，可以通过菜单选择文件→New→新建 Modelica 类创建新的模型，如图 2.2 所示；或者也可以点击工具栏新建 Modelica 类按钮创建新的模型。

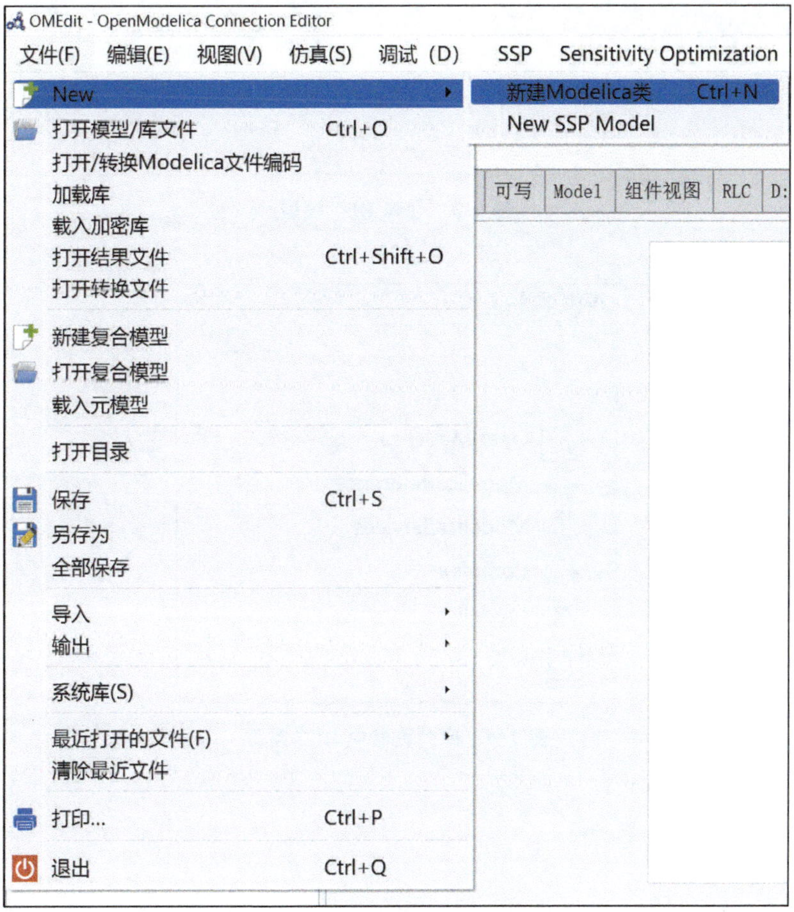

图 2.2　新建 Modelica 类

在对话框中输入模型的名称，此处为 RLC，特殊化选择默认的 Model，如图 2.3 所示。点击确定，RLC 空模型就创建完成，此时在库浏览器中就可以看到刚刚新建的模型，如图 2.4 所示。

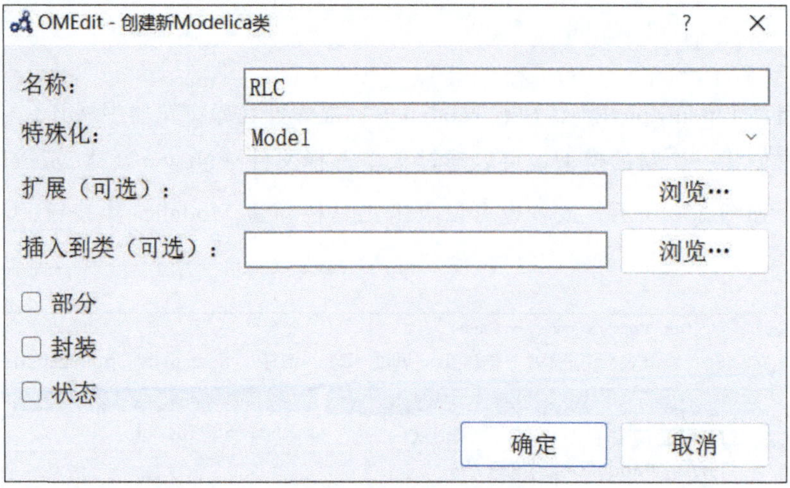

图 2.3　创建 RLC 模型

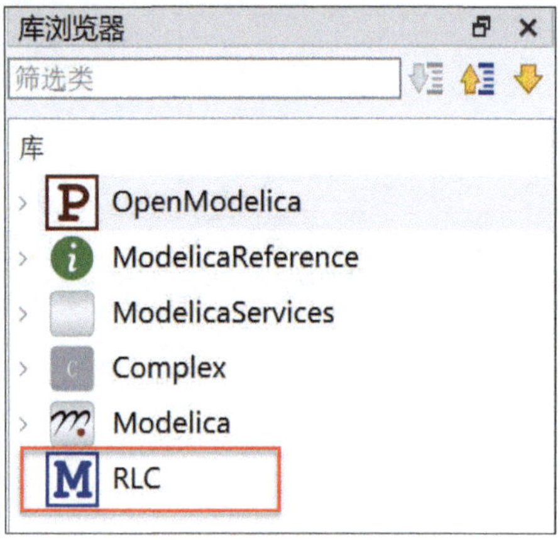

图 2.4　库浏览器中 RLC 模型

2.1.2　添加组件模型

接下来利用标准库的模型拖拽建模。首先展开 Modelica 标准库，可以看到不同专业的模型库，如图 2.5 所示。

拖拽前，双击 RLC，确保设计窗口为此模型，再回到库浏览器窗口，按表 2.1 路径找到各组件所属模型，如按照 Modelica. Electrical. Analog. Basic. Resistor 路径找到 Resistor，将 Resistor 拖拽到设计窗口合适位置，在弹出的对话框中设置组件的名字，此处为 R，如图 2.6 所示。

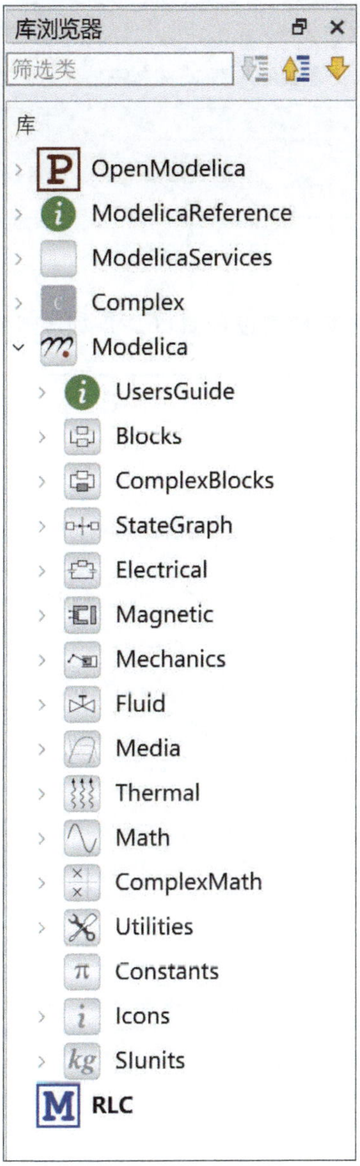

图 2.5　Modelica 标准库

表 2.1　RLC 电路模型组件路径

组件名	组件所属模型	路径
R	Resistor	Modelica. Electrical. Analog. Basic. Resistor
L	Inductor	Modelica. Electrical. Analog. Basic. Inductor
C	Capacitor	Modelica. Electrical. Analog. Basic. Capacitor
U	ConstantVoltage	Modelica. Electrical. Analog. Sources. ConstantVoltage
G	Ground	Modelica. Electrical. Analog. Basic. Ground

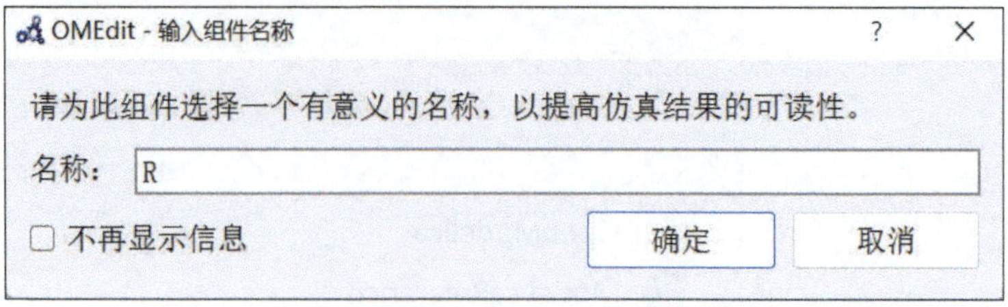

图 2.6　命名组件

依次拖动表 2.1 中的其他模型到设计窗口，并对各组件重命名，如图 2.7 所示。

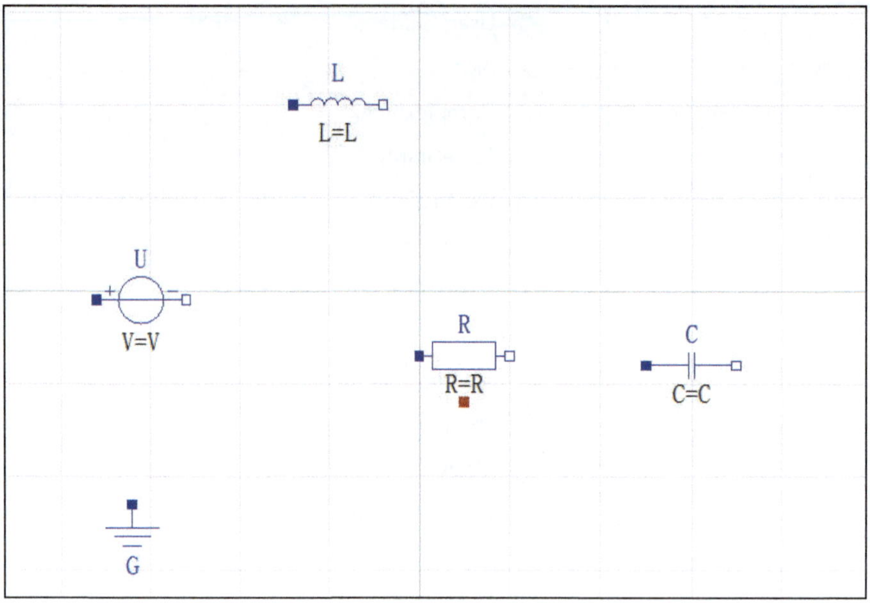

图 2.7　组件视图

2.1.3　建立连接

所有组件都拖拽完成后，为了便于连接，右键单击电源组件模型，选择顺时针旋转进行方位调整，如图 2.8 所示；同样的方法，对电阻、电容组件进行方位调整，方位调整后可适当拖拽组件对其进行位置调整，然后开始建立连接。点击工具栏的连接按钮进入连接模式，然后将鼠标放在组件连接端口处，会出现一个“十”字光标，此时左键单击端口并拖拽到与之相连的另一组件端口处并再次点击鼠标左键，此时即已建立了一条连接，依此类推，将各个组件依次连接到一起，组成如图 2.9 所示的模型。

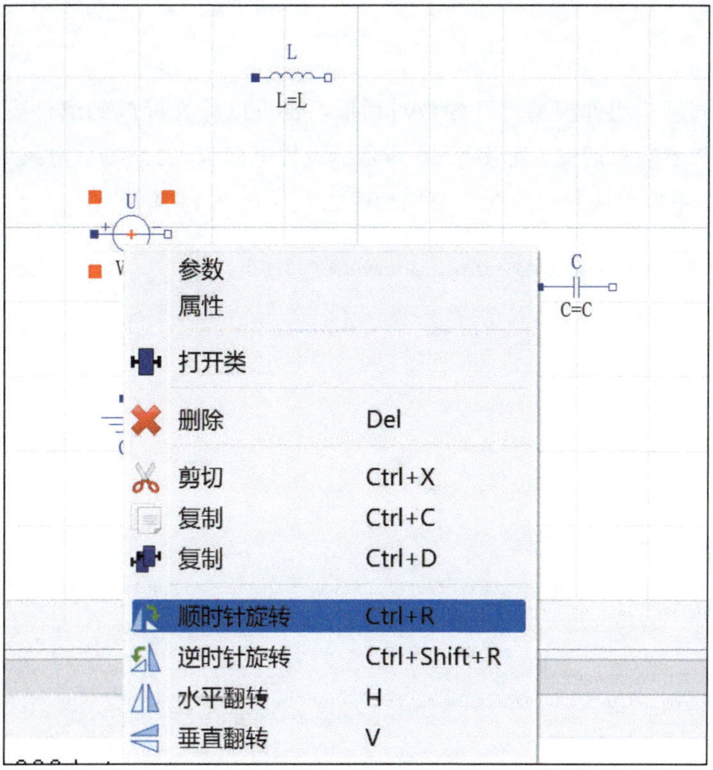

图 2.8　调整组件方位

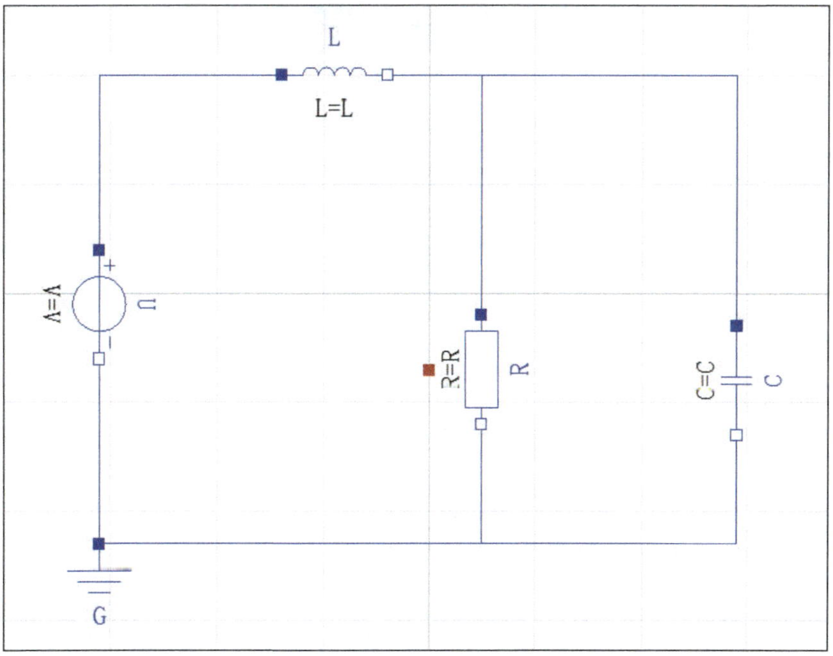

图 2.9　RLC 组件视图

2.1.4 设置参数

您可以通过双击组件模型打开参数对话框，也可以将光标放到组件模型上，单击右键选择参数打开参数对话框，如图 2.10 所示。设置电阻 $R=100\ \Omega$，电感 $L=1$ H，电容 $C=1\times10^{-3}$F，电源电压 $U=24$ V，分别如图 2.11～图 2.14 所示。

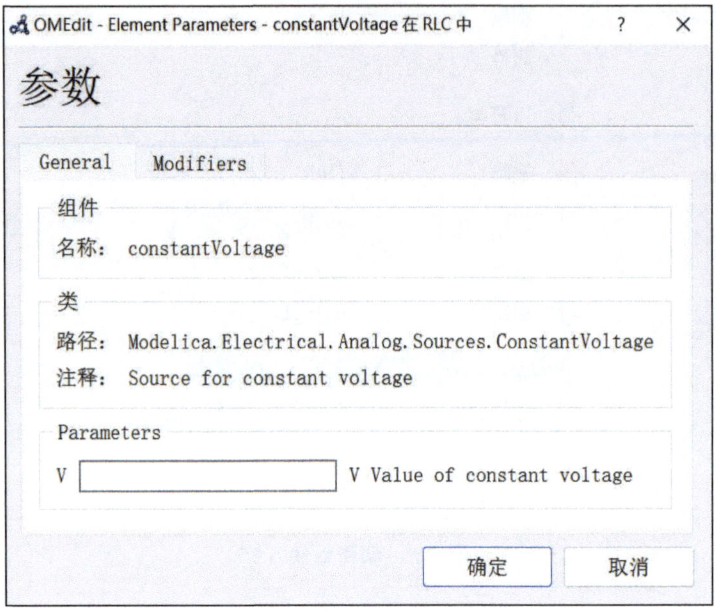

图 2.10　参数对话框

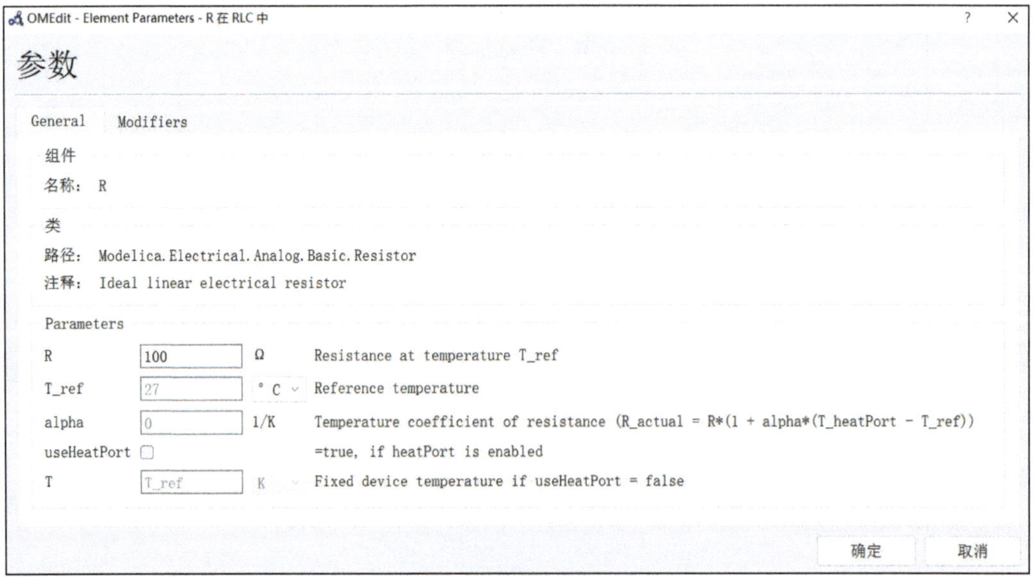

图 2.11　设置电阻参数值

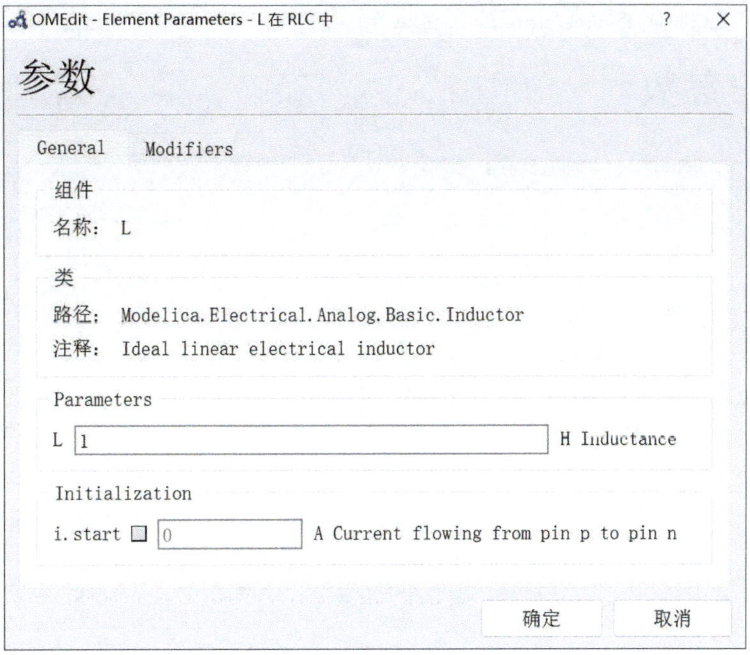

图 2.12　设置电感参数值

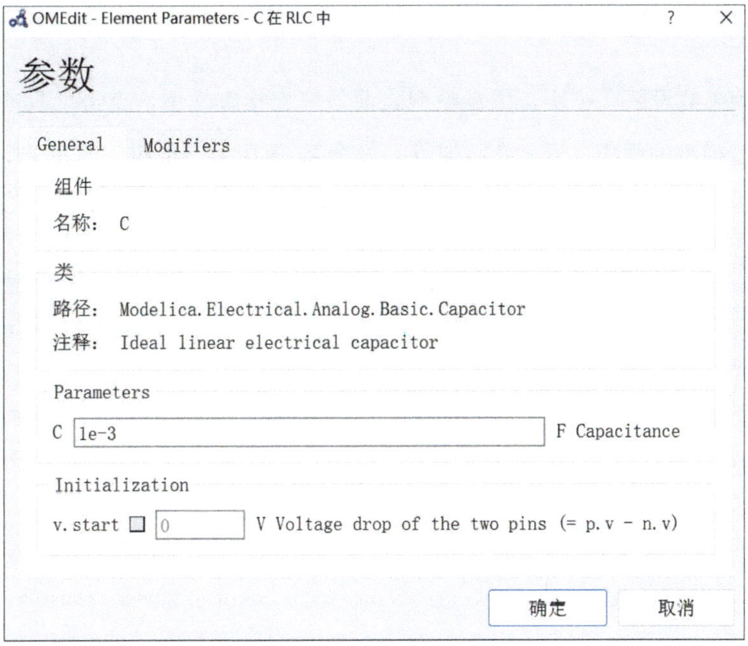

图 2.13　设置电容参数值

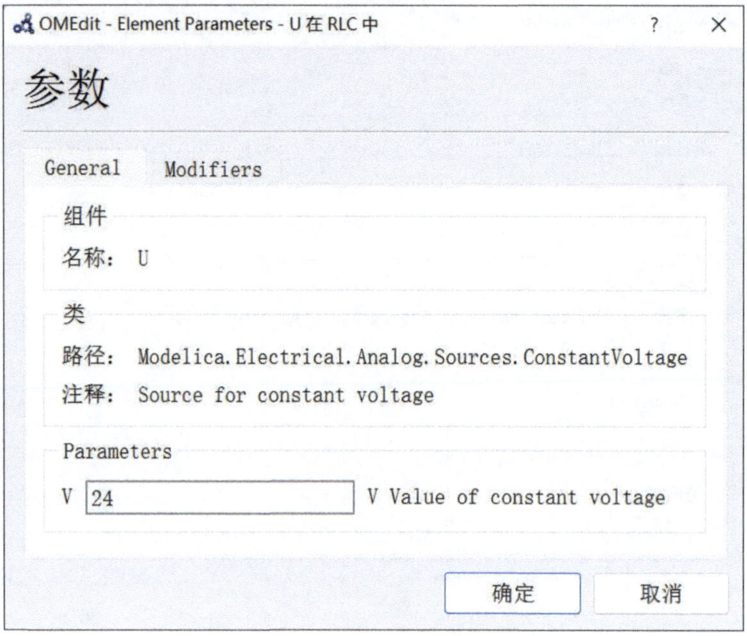

图 2.14　设置电源参数值

2.1.5　仿真模型

组件模型参数设置完成后，仿真模型之前最好先检查模型，点击工具栏的检查模型按钮，检查模型的语法、语义及结构等，如图 2.15 所示。值得注意的是，Modelica 要求方程数与变量数相等，否则编译会出错。

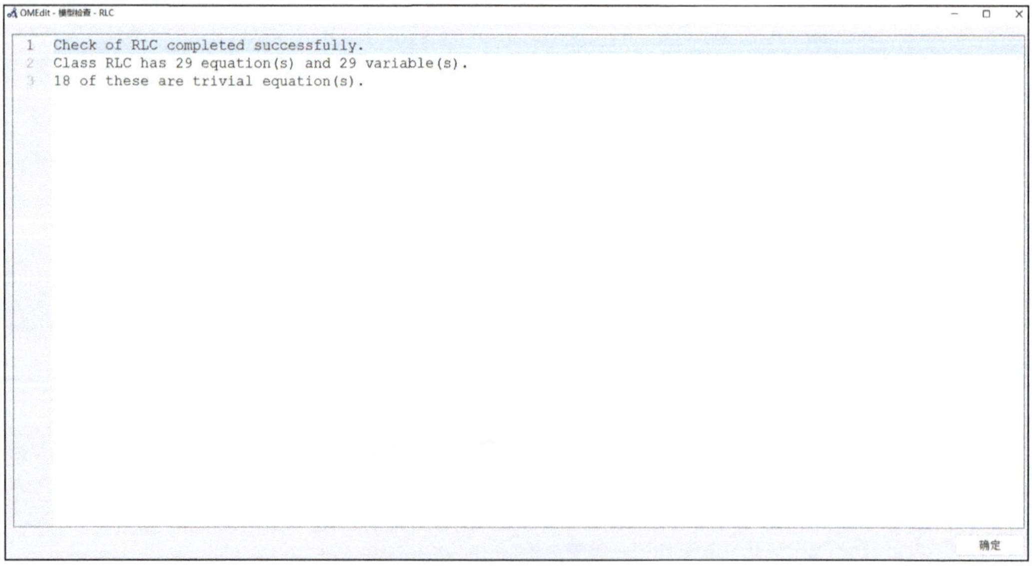

图 2.15　模型检查结果

至此，该实例已完成了全部组件模型的建立，接下来需要进行仿真配置设置，点击工具栏的仿真配置按钮S，设置仿真间隔，包括模拟开始时间、模拟结束时间、间隔数量，设置方法及误差等，具体参数如图 2.16 所示。

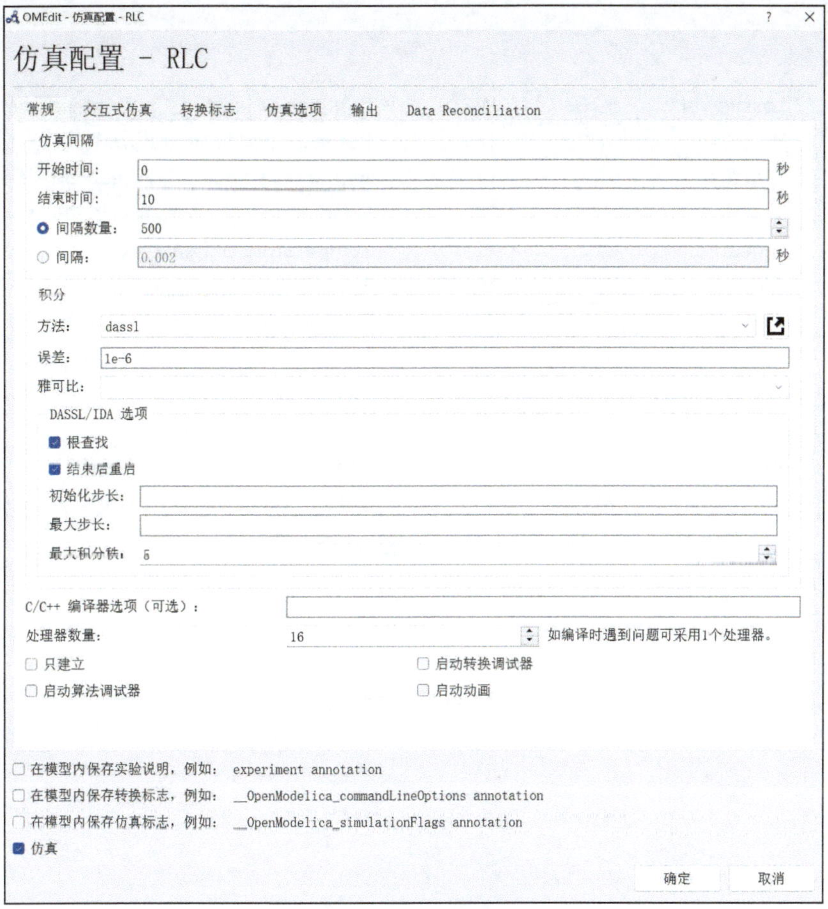

图 2.16　仿真配置

这里，间隔是指一个时间步长，方法是指求解算法，误差是指求解精度，OpenModelica 中默认的算法是 dassl，同时也提供了诸如 ida、euler 和 cvode 等多种求解器可供选择。

完成仿真配置参数设置后，点击确定开始仿真计算。

2.1.6　查看仿真结果

模型仿真结束后，在变量浏览器中选择相应的变量可查看仿真结果，如图 2.17 所示。在绘图窗口查看电路的电压动态响应曲线，如图 2.18 所示。在变量浏览器中选择各组件电流变量，如图 2.19 所示，查看电路电流的动态响应曲线，如图 2.20 所示。

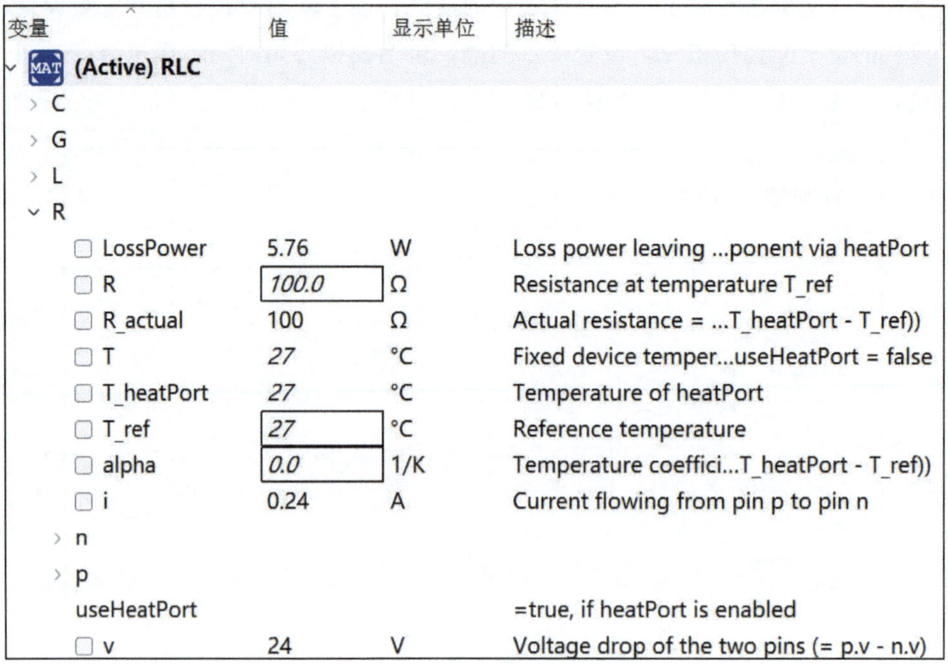

图 2.17 变量浏览器

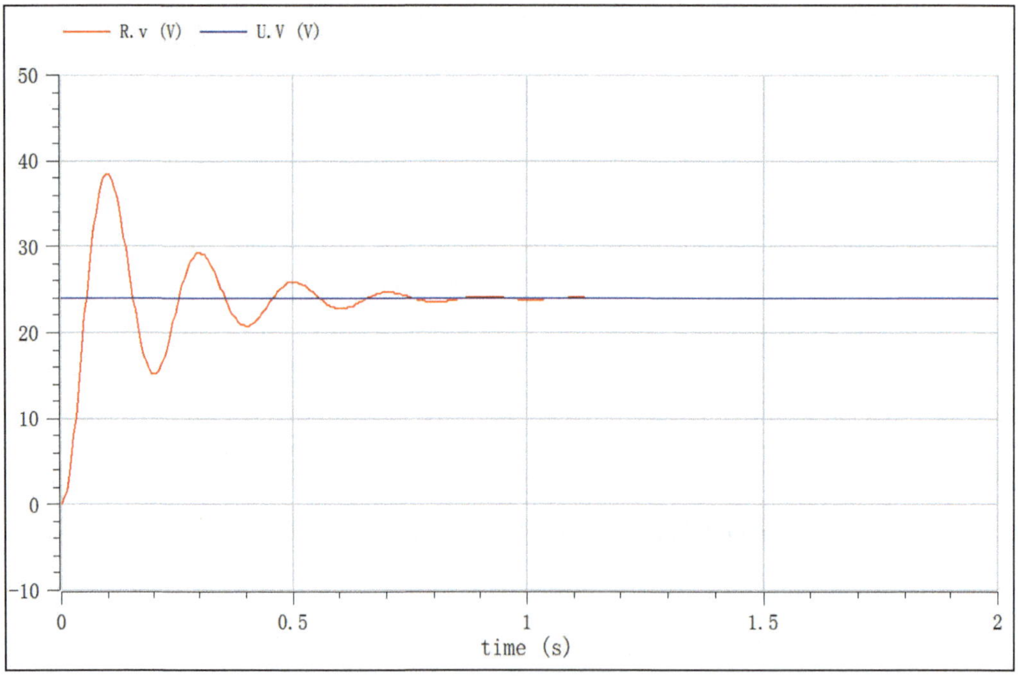

图 2.18 电压动态响应

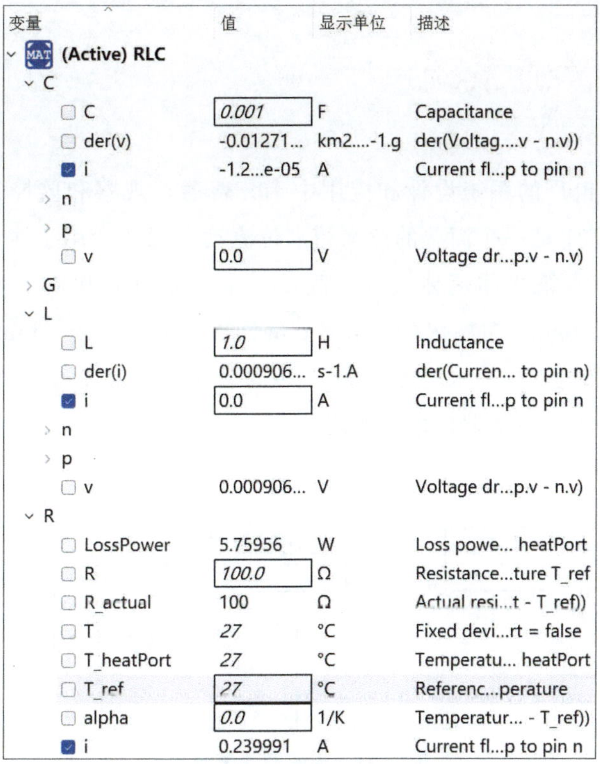

图 2.19　电流变量

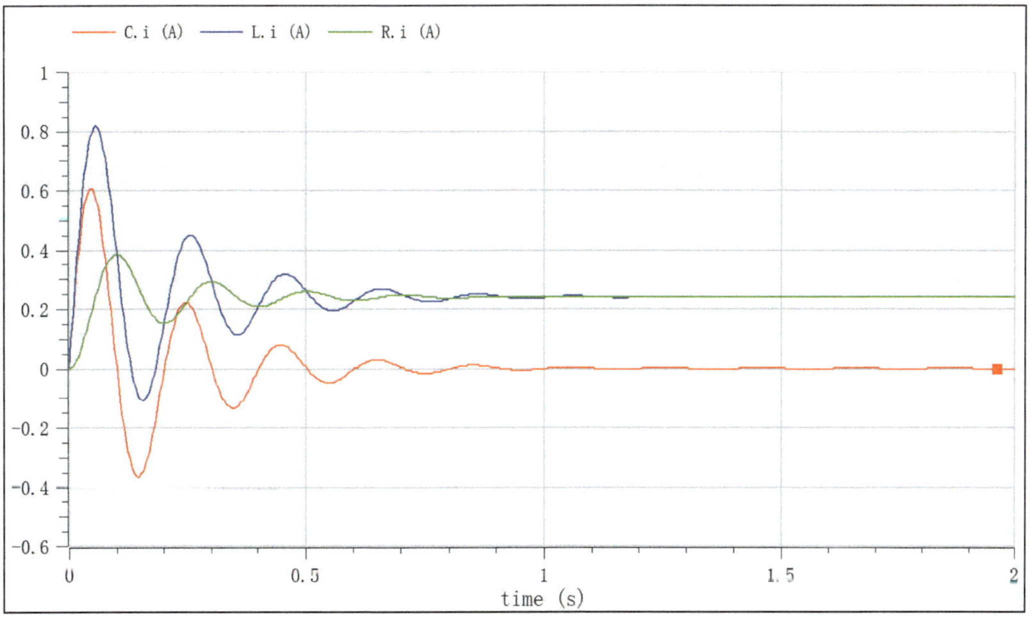

图 2.20　电流动态响应

2.2 水箱管道系统

水箱在热力发电厂的系统设计和应用中十分普遍，观察和监控各个水箱水位就显得尤为重要，图 2.21 是一个简单的三水箱水位流动示意图，用于演示处于不同水平面且初始水位不同的水箱之间流体流动。假设三个水箱具有相同的几何尺寸，横截面 1 m^2，高度 12 m，tank1 初始水位 8 m，tank2 初始水位 3 m，tank3 初始水位 3 m，tank1 与 tank2 底部处于同一水平面，tank3 底部比 tank1 低 3 m。3 个水箱分别与一个管道相连，三管道的另一个端口相互连接。

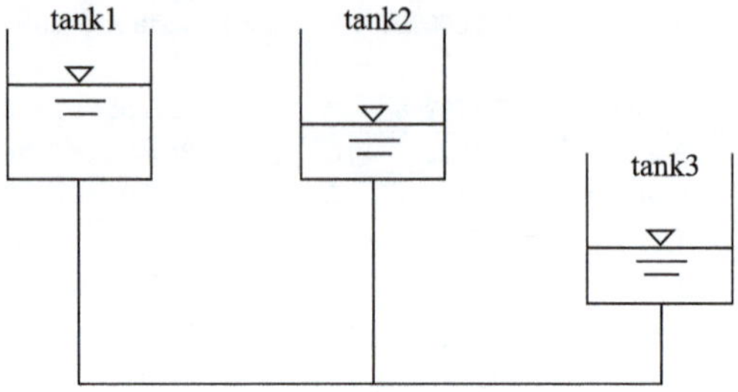

图 2.21 水箱流动示意图

2.2.1 创建新的模型

首先启动 OpenModelica，加载 Modelica 标准库并在库浏览器中展开。

然后创建一个新的模型，可以通过菜单选择文件→New→新建 Modelica 类创建新的模型，如图 2.22 所示；或者也可以点击工具栏新建 Modelica 类按钮创建新的模型。

在对话框中输入模型的名称，此处为 ThreeTanks，特殊化选择默认的 Model，如图 2.23 所示。点击确定，ThreeTanks 空模型就创建完成，此时在库浏览器中就可以看到我们新建的模型，如图 2.24 所示。

图 2.22　新建 Modelica 类

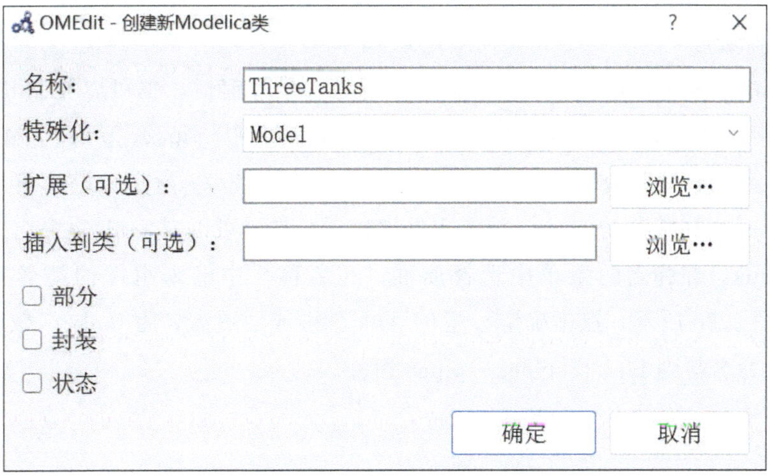

图 2.23　创建 ThreeTanks 模型

图 2.24　库浏览器中 ThreeTanks 模型

2.2.2　添加组件模型

接下来利用标准库的模型拖拽建模。首先展开 Modelica 标准库，可以看到不同专业的模型库，如图 2.25 所示。

我们需要用的水箱组件、管道组件和环境组件分别可以按照 Modelica. Fluid. Vessels. OpenTank，Modelica. Fluid. Pipes. StaticPipe 和 Modelica. Fluid. System 路径找到。拖拽前，双击 ThreeTanks，确保设计窗口为此模型，回到库浏览器窗口，按上述地址找到 OpenTank，拖动组件到设计窗口后，在弹出的对话框中输入组件新的名称，此处为 tank1，如图 2.26 所示。点击确定，组件 tank1 成功拖拽到模型 ThreeTanks 中。利用同样的方法添加 pipe 和 system。

在建模的过程中，可以反复拖拽同一组件进入设计窗口，也可以复制和粘贴组件，如图 2.21 中组件 tank2、tank3 可由组件 tank1 复制得到，pipe2、pipe3 可由组件 pipe1 复制得到。鼠标右键单击组件 tank1，选择复制，如图 2.27 所示。设计窗口就会出现一个新的 tank，拖拽移动 tank，为了更好地标识组件，可以对 tank 重命名。鼠标右键单击组件 tank，在弹出的菜单中选择属性，在名称栏中输入组件的新名字，此处为 tank2，如图 2.28 所示，点击确定，组件 tank 就被成功重命名为 tank2。依此类推，复制粘贴并重命名得到 tank3、pipe2、pipe3 组件。

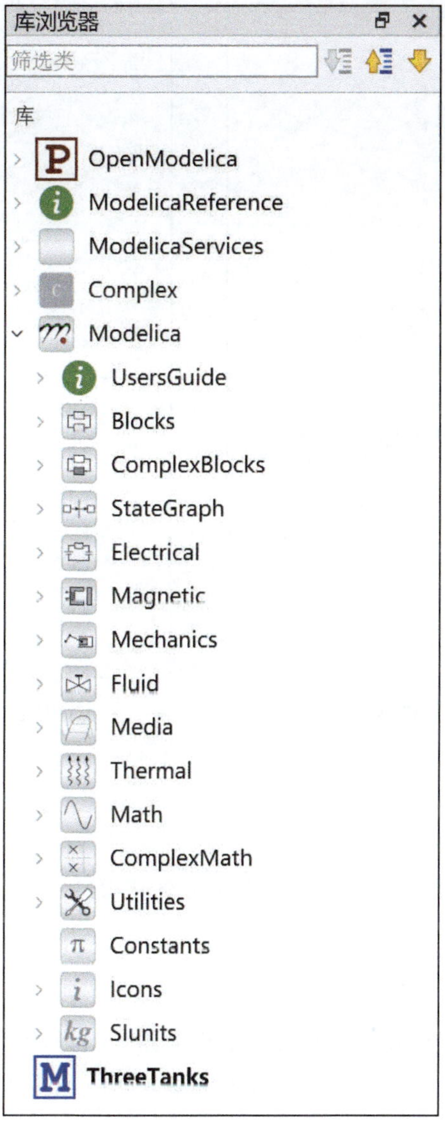

图 2.25　Modelica 标准库

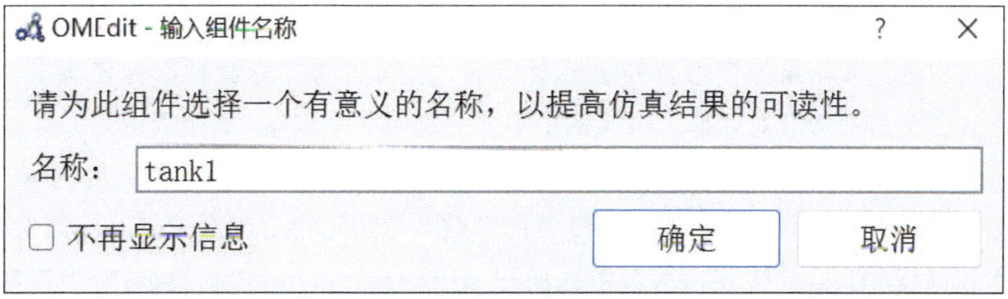

图 2.26　命名组件

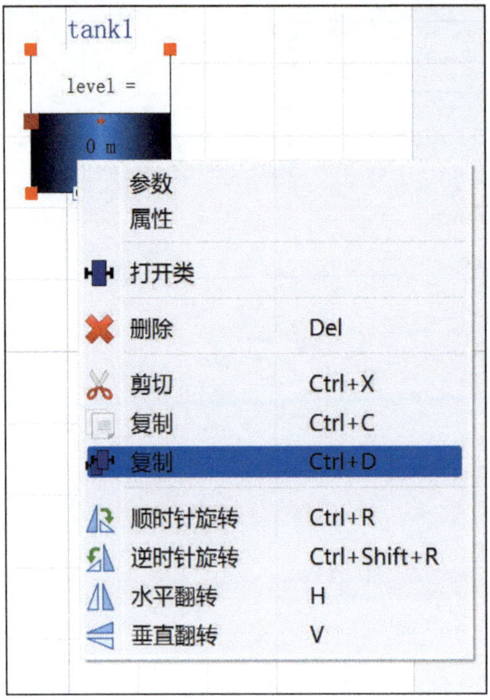

图 2.27　复制组件

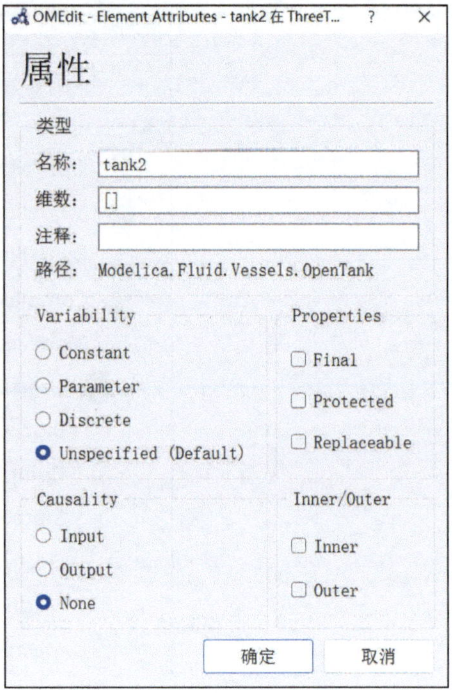

图 2.28　重命名组件

2.2.3　建立连接

组件拖拽完成后，可以建立连接。为了方便将 3 个管道的一个端口全连接起来，可以选择管道鼠标右键单击对管道进行逆时针旋转，如图 2.29 所示。点击工具栏的连接按钮进入连接模式，然后将鼠标放在组件连接端口处，会出现一个“十”字光标，此时鼠标左键单击端口并拖拽到与之相连的另一组件端口处并再次点击鼠标左键，此时即已建立了一条连接。若建立的连线不满意，可以选中连接线删除后再重新连接。依此类推，将各个组件依次连接起来，组成如图 2.30 所示的完整的水箱模型。

2.2.4　设置参数

您可以通过双击组件模型打开参数对话框，也可以将光标放到组件模型上，单击右键选择参数打开参数对话框。该实例中需要分别对 3 个水箱、3 个管道以及环境系统组件进行参数设置。

以 tank1 为例介绍水箱组件需要设置的参数。双击 tank1 或右键打开参数对话框，设置水箱高度 height＝12 m，水箱横截面积 crossArea＝1 m^2，水箱进口/出口的阻力系数采用 Idelchik 公式计算，由于 MSL 包含该阻力损失计算公式，这里可以直接用，如图 2.31 所示。

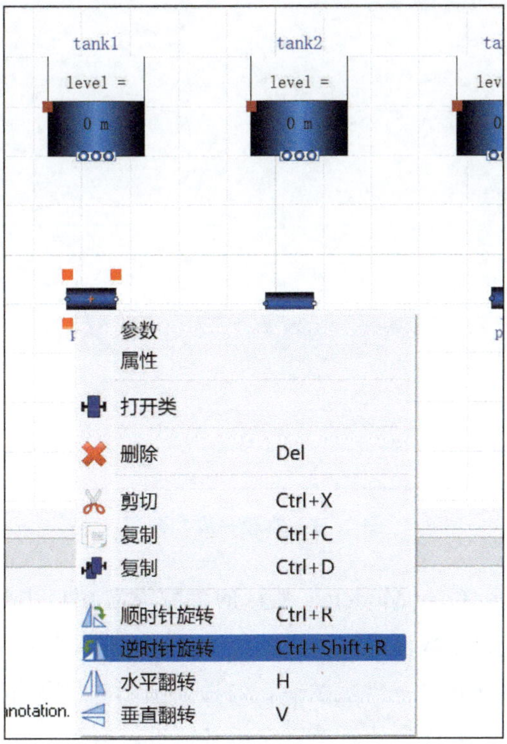

图 2.29　旋转组件

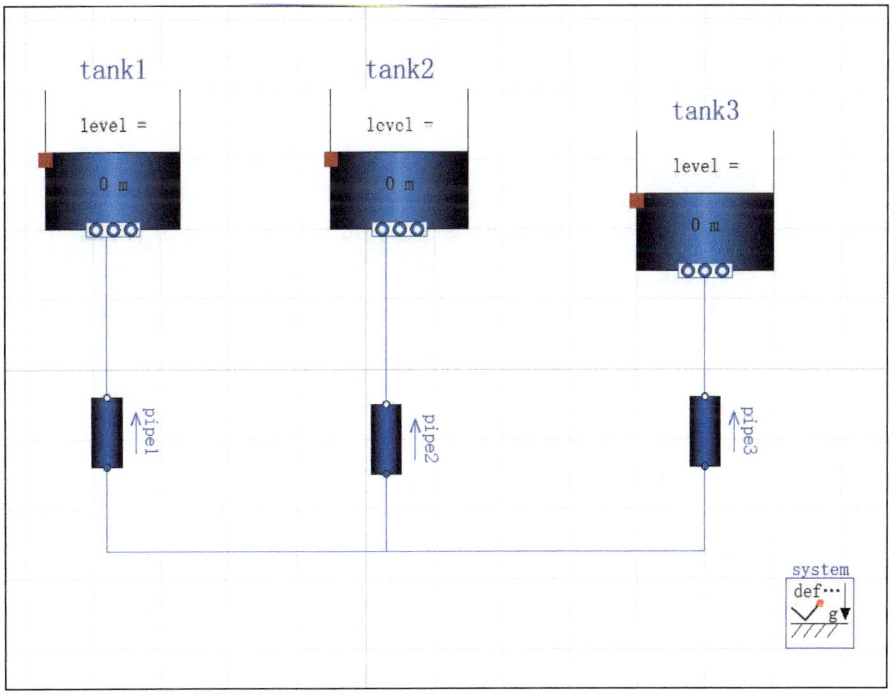

图 2.30　三个水箱模型

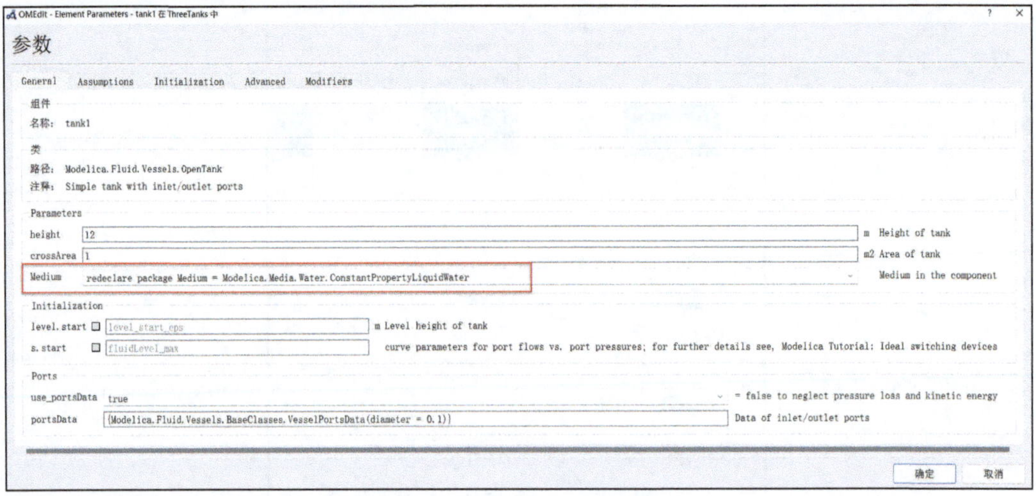

图 2.31　水箱高度和面积

需要特别说明的是，OpenModelica 默认的参数设置窗口中没有介质设置选项，以上述 tank1 为例，默认的参数设置对话框如图 2.32 所示，需要用户自行添加。您可以通过点击菜单栏→工具→选项→常规按钮，勾选如图 2.33 所示的“Enable Replaceable Support”，点击确定。需要强调的是设置完后必须重新启动 OpenModelica，“选项”设置才会生效。

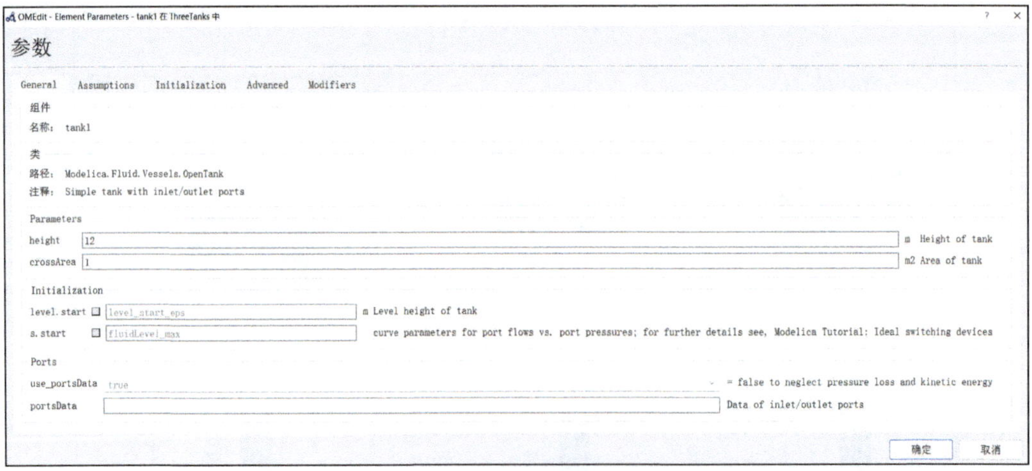

图 2.32　默认水箱参数设置

设置水箱内初始液位高度 level _ start=8 m，如图 2.34 所示。tank2 和 tank3 的设置参数步骤同 tank1，不同水箱组件详细参数见表 2.2。

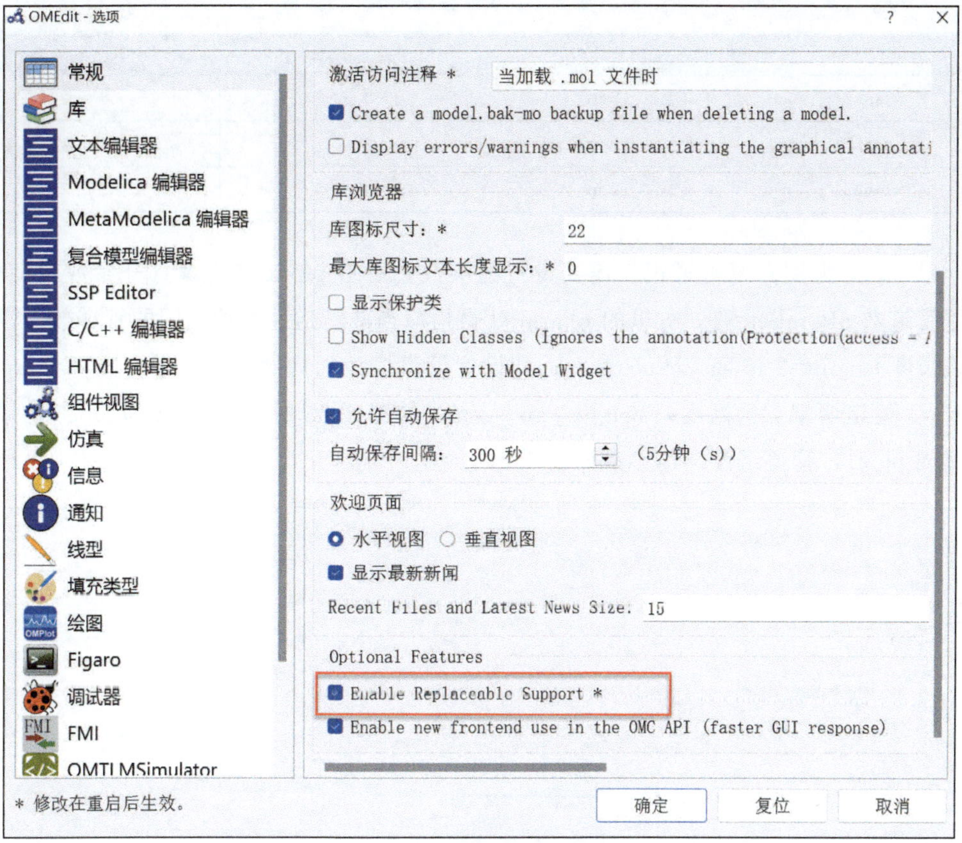

图 2.33　激活物性参数设置

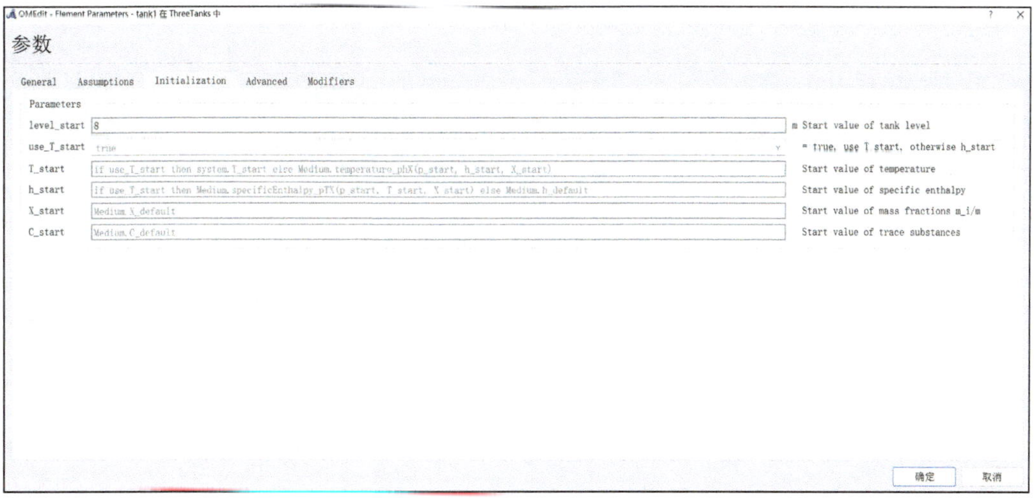

图 2.34　初始液位高度

表 2.2　水箱参数列表

组件名称	height	crossArea	level _ start
tank1	12 m	1 m^2	8 m
tank2	12 m	1 m^2	3 m
tank3	12 m	1 m^2	3 m

以 pipe1 为例介绍管道组件需要设置的参数。双击 pipe1 或右键打开参数对话框，设置管道数 nParallel=1，这里的 nParallel 是指与当前管道并行的相同的管道数。设置管道长度 length=2 m，isCircular=true 即设置管道横截面为圆形，管道直径 diameter=0.1 m，管道两端点的高度差 height _ ab=2 m，如图 2.35 所示。pipe2 和 pipe3 的设置步骤同 pipe1，管道组件详细参数见表 2.3。

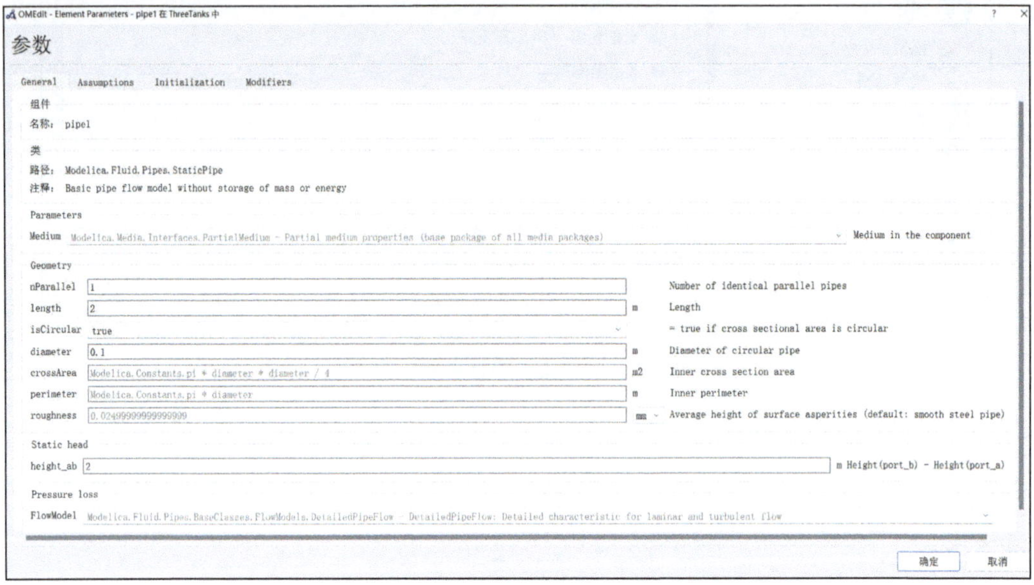

图 2.35　管道参数

表 2.3　管道组件参数列表

组件名称	nParallel	length	isCircular	diameter	height _ ab
pipe1	1	2 m	true	0.1 m	2 m
pipe2	1	2 m	true	0.1 m	2 m
pipe3	1	2 m	true	0.1 m	−1 m

环境系统组件 system 的参数设置为默认值，表征该实例所处环境特性，如图 2.36 所示。

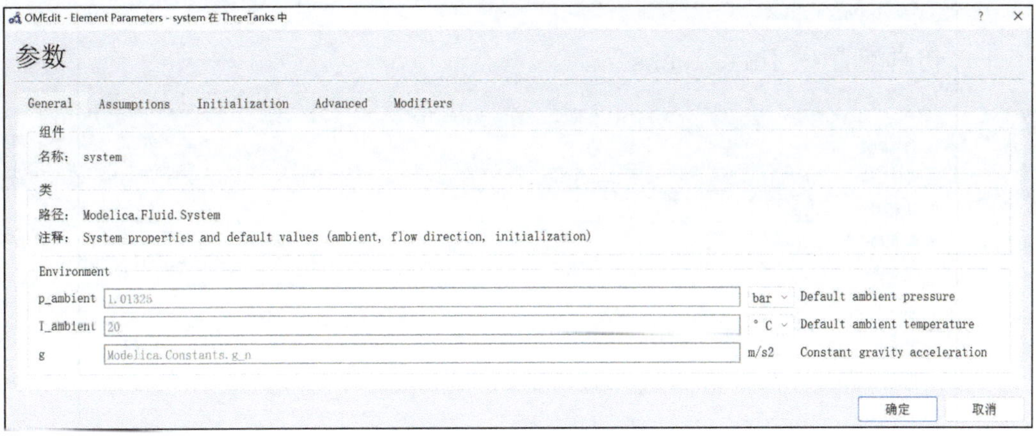

图 2.36　system 参数图

2.2.5　仿真模型

组件模型参数设置完成后，仿真模型之前最好先检查模型，点击工具栏的检查模型按钮，检查模型的语法、语义及结构等，如图 2.37 所示。

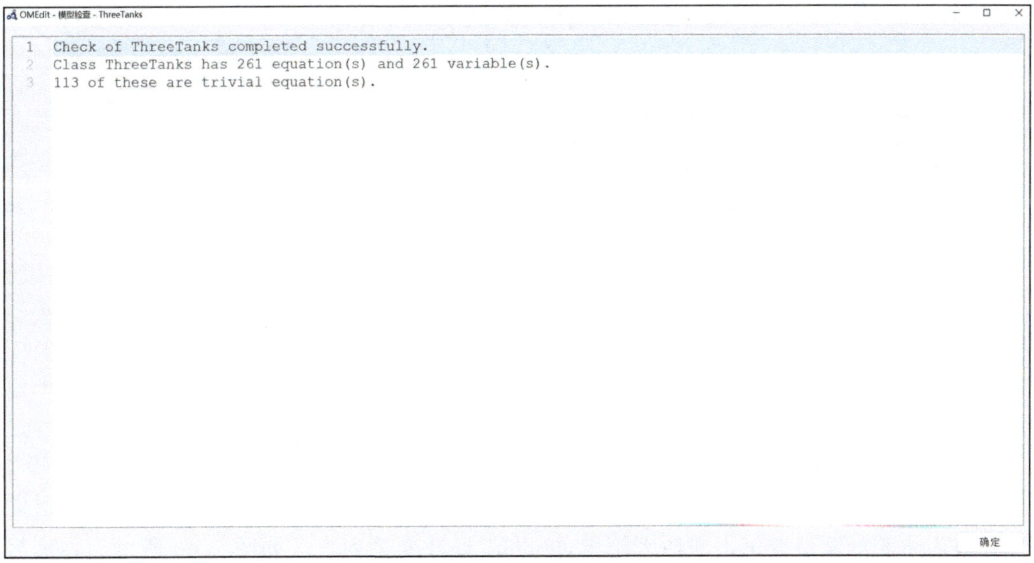

图 2.37　模型检查结果

至此，该实例已完成了全部组件模型的建立，接下来需要进行仿真配置设置，点击工具栏的仿真配置按钮S，设置仿真间隔，包括模拟开始时间、模拟结束时间、间隔数量，设置方法及误差等，具体参数如图 2.38 所示。

完成仿真配置参数设置后，点击确定，开始仿真计算。

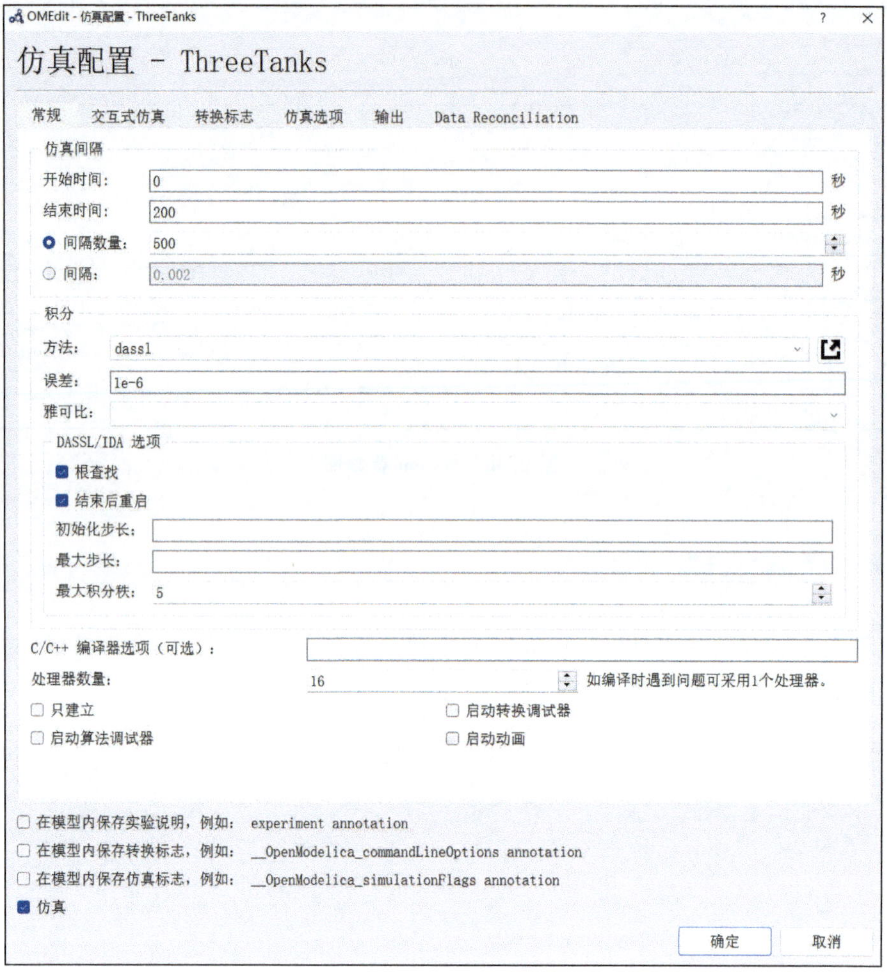

图 2.38　仿真配置

2.2.6　查看仿真结果

模型仿真结束后，点击右下角的绘图切换到绘图界面查看仿真结果。变量浏览器中包括了所有组件的设置参数和仿真结果，如图 2.39 所示。

查看水箱的液位变化，选择水箱组件 tank1 展开变量列表，如图 2.40 所示。勾选需要查看的变量后，该变量随时间的变化曲线就显示在绘图界面里。这里我们对比观察 3 个水箱的液位变化，同时勾选 tank1、tank2、tank3 3 个组件中的 level 变量，由于水位差，tank1 的水位不断下降最后达到稳定，tank2 的水位开始下降，之后不断升高达到稳定，tank3 的水位不断升高直到稳定，结果如图 2.41 所示。同时勾选 pipe1、pipe2、pipe3 3 个组件中的 m _ flows 变量，对比查看 3 个管道的质量流量，结果如图 2.42 所示。

图 2.39　变量浏览器

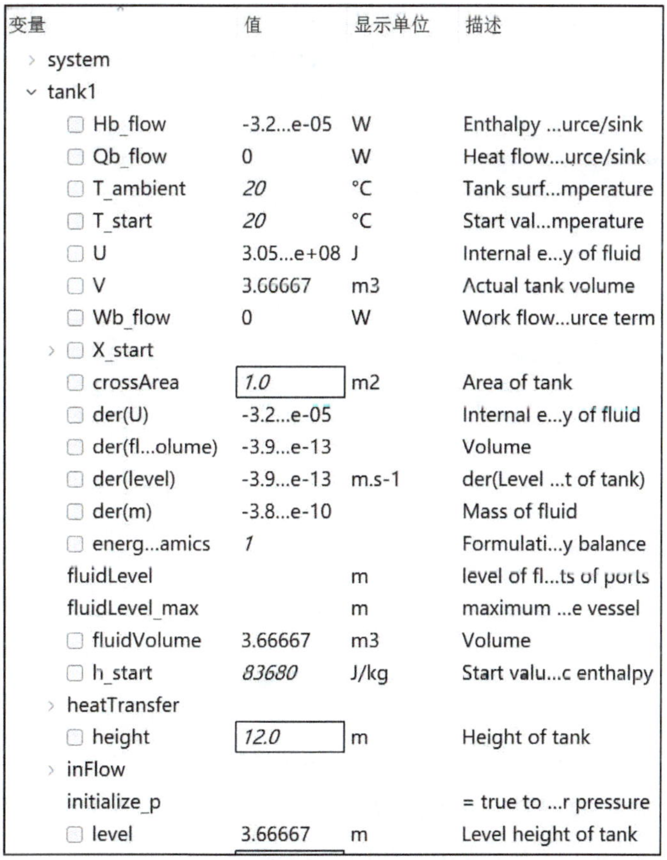

图 2.40　tank1 变量列表

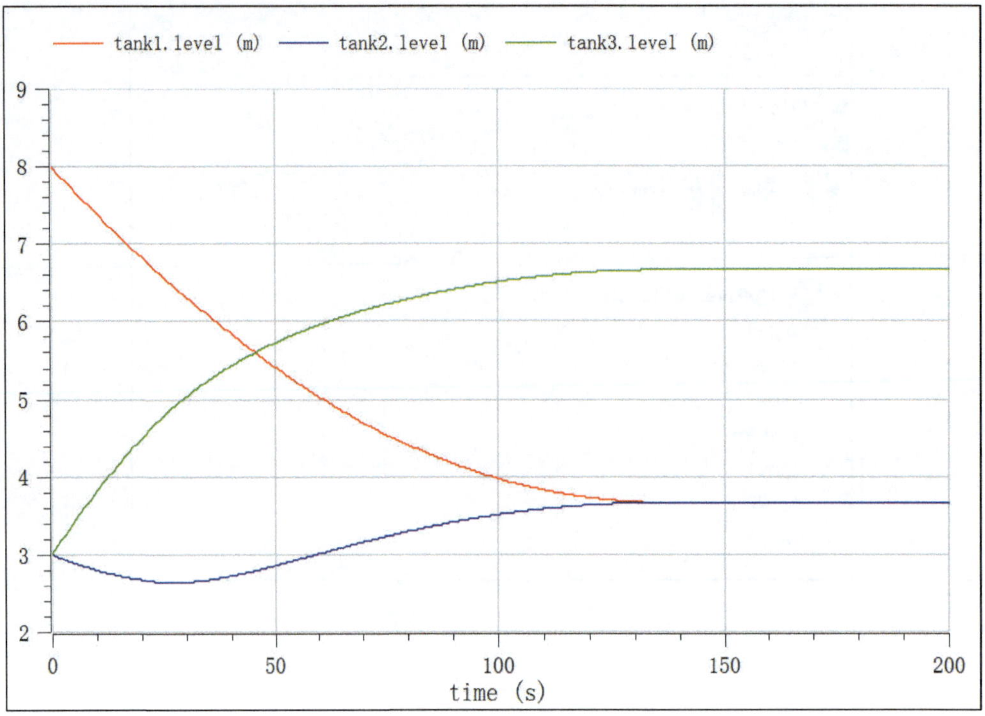

图 2.41　水箱液位变化曲线

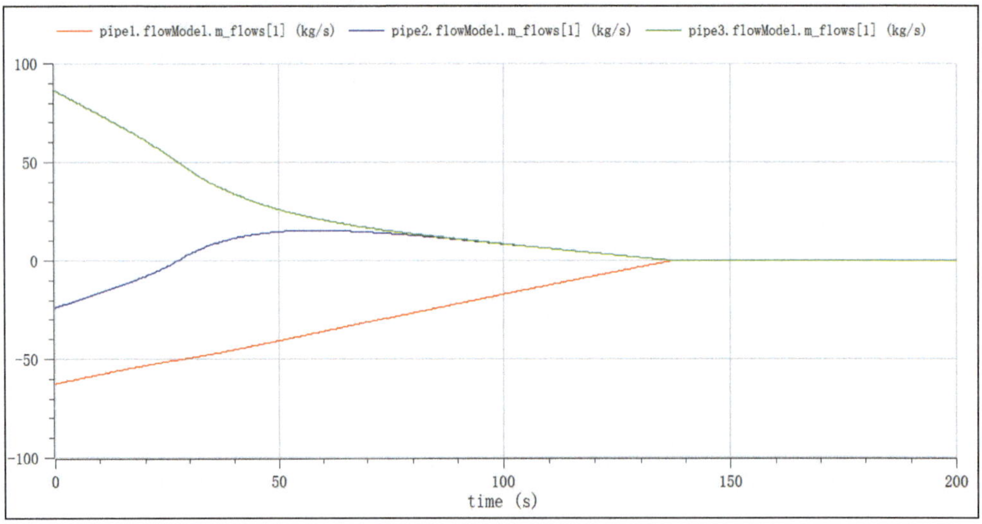

图 2.42　管道质量流量变化曲线

同时，如果您需要获取结果变量数据，在变量浏览器中勾选变量后，如图 2.43 分别勾选 3 个水箱的 level 参数，在 OpenModelica 上方菜单栏点击 图标，可以将一组或多种变量存储在 .csv 文本文件中，如图 2.44 所示。

变量	值	显示单位	描述
Hb_flow	-3.2...e-05	W	Enthalpy f...ource/sink
Qb_flow	0	W	Heat flow...urce/sink
T_ambient	*20*	°C	Tank surf...mperature
T_start	*20*	°C	Start val...mperature
U	3.05...e+08	J	Internal e...y of fluid
V	3.66667	m3	Actual tank volume
Wb_flow	0	W	Work flow...urce term
› X_start			
crossArea	*1.0*	m2	Area of tank
der(U)	-3.2...e-05		Internal e...y of fluid
der(fl...olume)	-3.9...e-13		Volume
der(level)	-3.9...e-13	m.s-1	der(Level ...t of tank)
der(m)	-3.8...e-10		Mass of fluid
energ...amics	*1*		Formulati...y balance
fluidLevel		m	level of fl...ts of ports
fluidLevel_max		m	maximum l...he vessel
fluidVolume	3.66667	m3	Volume
h_start	*83680*	J/kg	Start valu...c enthalpy
› heatTransfer			
height	*12.0*	m	Height of tank
› inFlow			
initialize_p			= true to ...r pressure
☑ level	3.66667	m	Level height of tank

图 2.43　水箱水位参数

time	tank1.level	tank2.level	tank3.level
0	8	3	3
0.4	7.974962	2.99046	3.034578
0.8	7.950003	2.981036	3.068961
1.2	7.925121	2.971729	3.10315
1.6	7.900317	2.96254	3.137144
2	7.87559	2.953467	3.170942
2.4	7.850941	2.944512	3.204546
2.8	7.82637	2.935675	3.237955
3.2	7.801875	2.926957	3.271168
3.6	7.777458	2.918357	3.304185
4	7.753118	2.909875	3.337007
4.4	7.728854	2.901513	3.369632
4.8	7.704668	2.89327	3.402062
5.2	7.680558	2.885148	3.434294
5.6	7.656525	2.877145	3.466331
6	7.632568	2.869263	3.49817
6.4	7.608687	2.861501	3.529812
6.8	7.584882	2.853862	3.561256
7.2	7.561153	2.846344	3.592503
7.6	7.537501	2.838948	3.623551
8	7.513923	2.831675	3.654402
8.4	7.490421	2.824525	3.685054
8.8	7.466995	2.817499	3.715506
9.2	7.443644	2.810596	3.74576
9.6	7.420368	2.803818	3.775815

图 2.44　导出变量

2.3　弹簧质量块系统

下面再以弹簧质量块模型为例，进一步演示基于 Modelica 标准库模型的创建、仿真。如图 2.45 所示。一个刚体悬挂在弹簧上，弹簧的另一端固定。

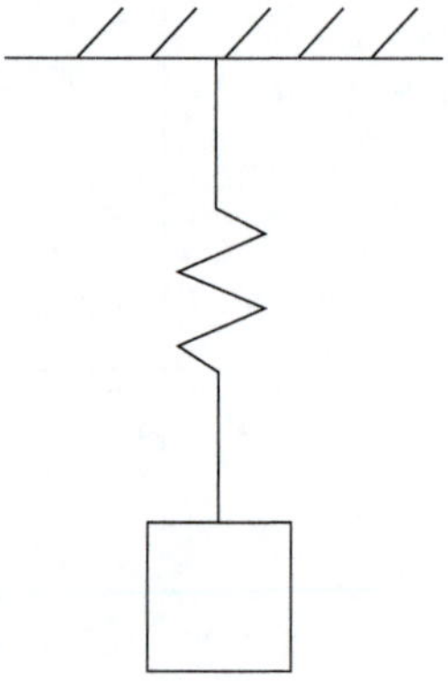

图 2.45　弹簧质量块模型

2.3.1　创建新的模型

首先启动 OpenModelica，加载 Modelica 标准库并在库浏览器中展开。

然后创建一个新的模型，可以通过菜单选择文件→New→新建 Modelica 类创建新的模型，如图 2.46 所示；或者也可以点击工具栏新建 Modelica 类按钮创建新的模型。

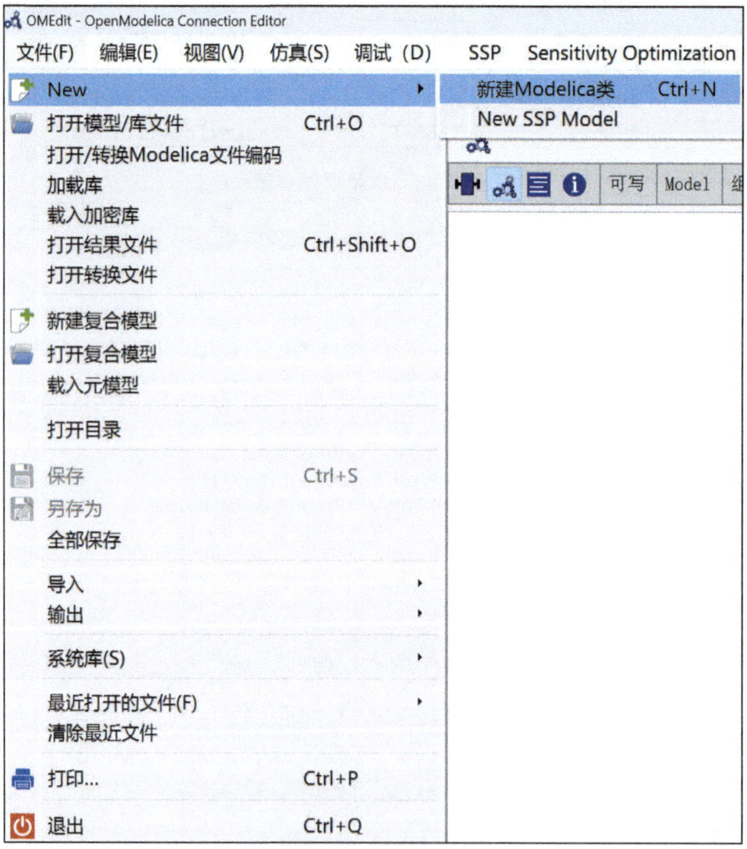

图 2.46　新建 Modelica 类

如图 2.47 所示，在对话框中输入名称，此处为 SpringWithMass，特殊化选择默认的 Model，点击确定，SpringWithMass 空模型就创建完成，此时在库浏览器中就可以看到我们新建的模型，如图 2.48 所示。

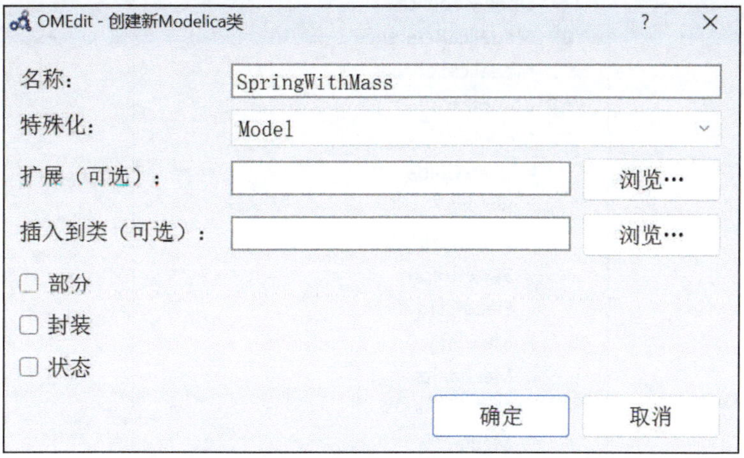

图 2.47　创建 SpringWithMass 模型

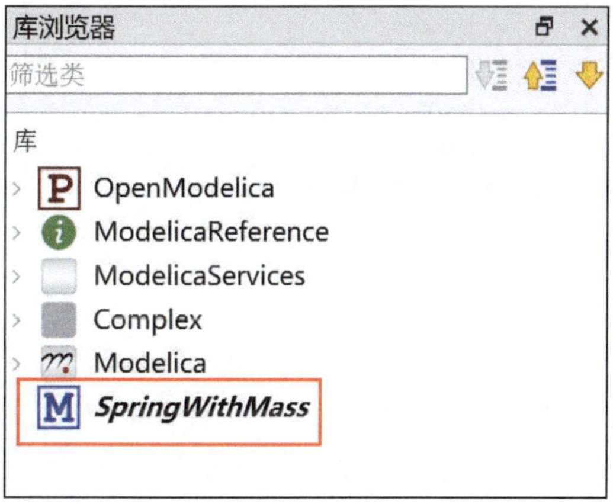

图 2.48　库浏览器中 SpringWithMass 模型

2.3.2　添加组件模型

接下来利用标准库的模型拖拽建模。首先展开 Modelica 标准库，可以看到不同专业的模型库，如图 2.49 所示。

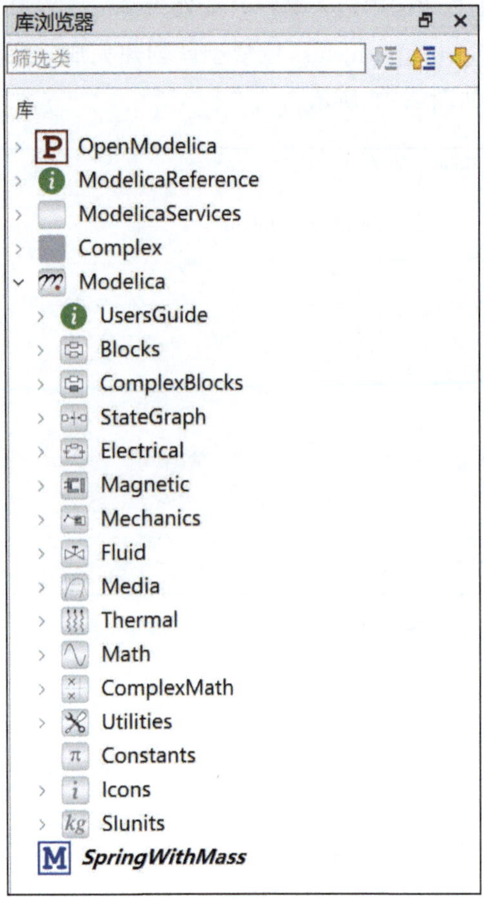

图 2.49　Modelica 标准库

拖拽前，双击 SpringWithMass，确保设计窗口为此模型；回到库浏览器窗口，按表 2.4 找到各组件所属模型，如按照 Modelica. Mechanics. MultiBody. Parts. Fixed 找到 Fixed；将 Fixed 拖拽到设计窗口合适位置，在弹出的对话框中设置组件的名字，此处为 fixed，如图 2.50 所示。

表 2.4　弹簧质量块模型组件路径

组件名	组件所属模型	路径
fixed	Fixed	Modelica. Mechanics. MultiBody. Parts. Fixed
spring	Spring	Modelica. Mechanics. MultiBody. Forces. Spring
body	Body	Modelica. Mechanics. MultiBody. Parts. Body

依次拖动表 2.4 中的其他模型到设计窗口，并对各组件重命名，如图 2.51 所示。

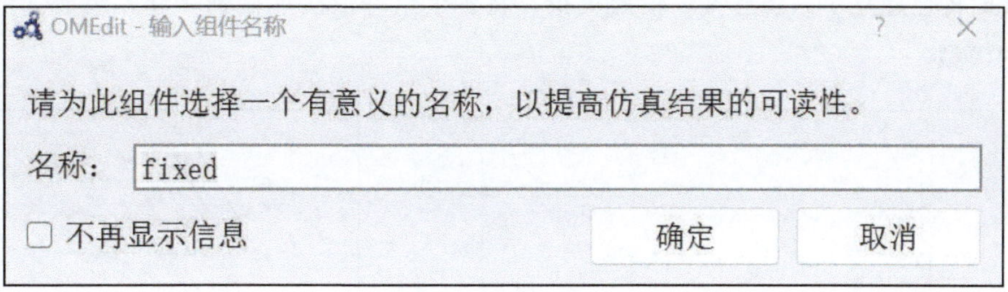

图 2.50　组件命名

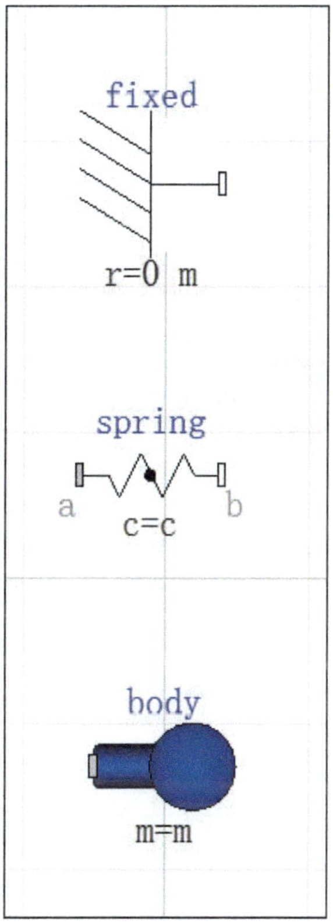

图 2.51　组件视图

2.3.3　建立连接

所有组件都拖拽完成后，为了便于连接，鼠标右键单击弹簧组件模型，选择顺时针旋转进行方位调整，如图 2.52 所示；同样的方法，对固定端、质量块组件进行方位调整，方位调整后可适当拖拽组件对其进行位置调整，然后开始建立连接。点击工具栏的连接按钮，进入连接模式，然后将鼠标放在组件连接端口处，会出现一个“十”字光标，此时左键单击端口并拖拽到与之相连的另一组件端口处并再次单击鼠标左键，此时即已建立了一条连接，依此类推，将各个组件依次连接到一起，组成如图 2.53 所示的模型。

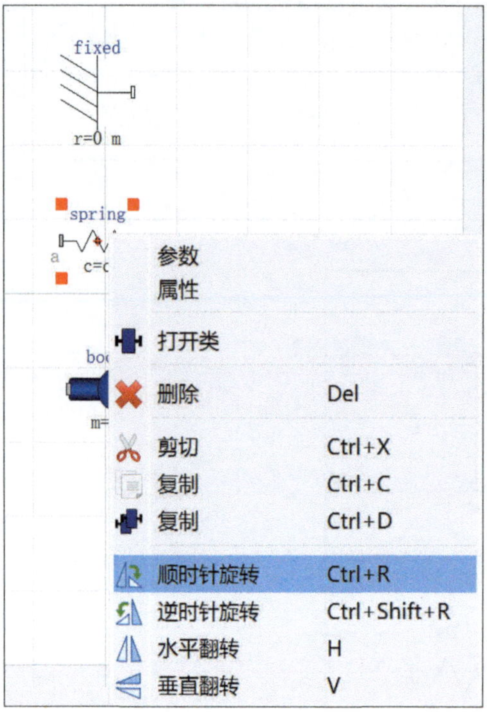

图 2.52 调整组件方位

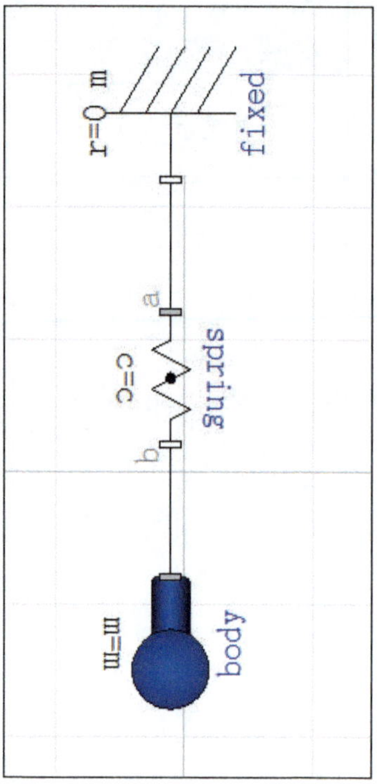

图 2.53 SpringWithMass 组件视图

2.3.4 设置参数

设置 fixed 组件参数为默认值，如图 2.54 所示。

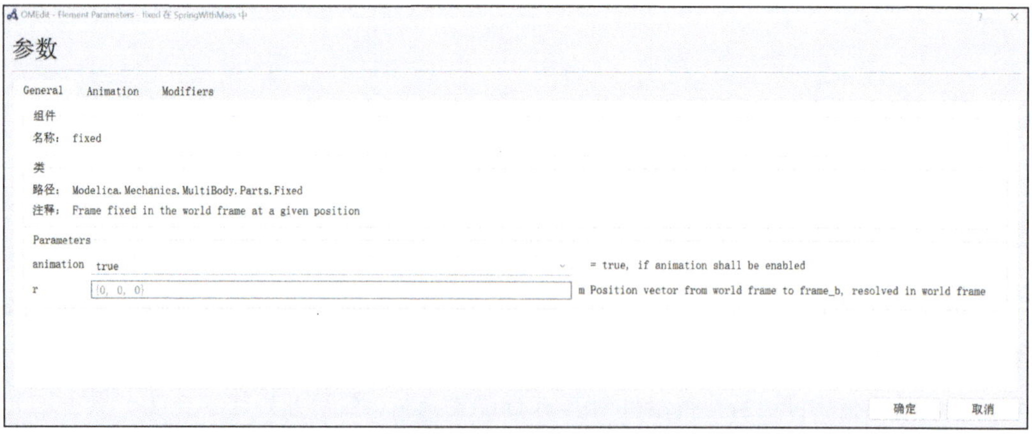

图 2.54 fixed 组件参数

设置弹簧 spring 参数：点击“general”，设置弹簧刚度常数 $c=40$ N/m，弹簧自然状态长度 s _ unstretched=0.2 m，弹簧质量 $m=0.5$ kg，如图 2.55 所示；点击“animation”，设置弹簧宽度 width=0.1 m，质量点直径 massDiameter=0.07 m，如图 2.56 所示。

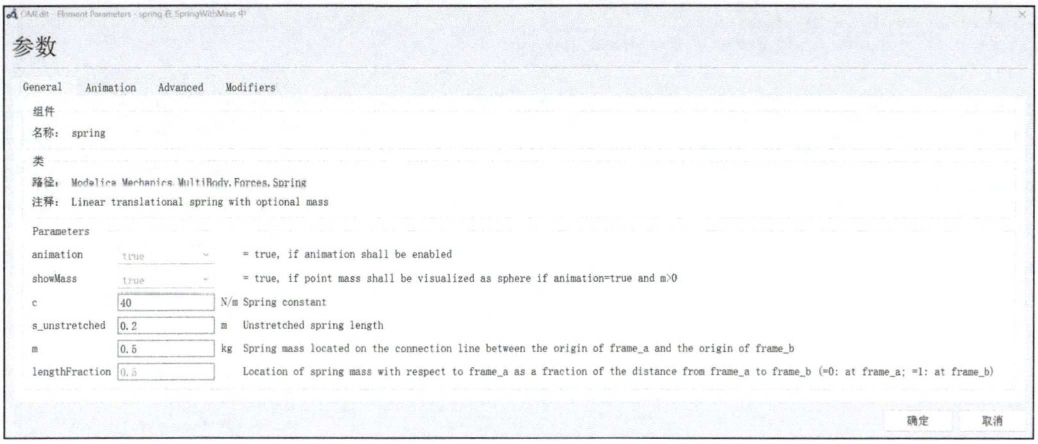

图 2.55　spring 组件 General 参数

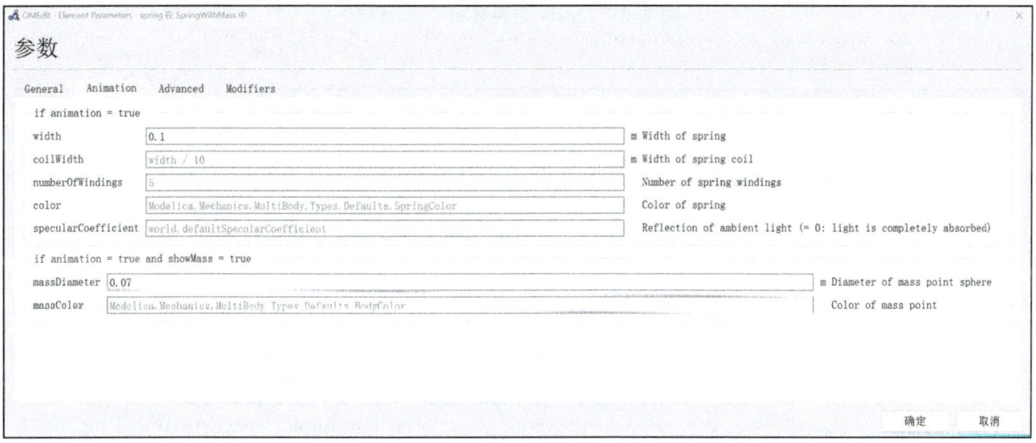

图 2.56　spring 组件 Animation 参数

设置刚体参数，质心矢量 r _ CM= {0，0，0}，刚体质量 $m=1$ kg，如图 2.57 所示；设置初值 r _ 0.start= {0，−0.3，0} m，如图 2.58 所示。

2.3.5　仿真模型

组件模型参数设置完成后，仿真模型之前最好先检查模型，点击工具栏的检查模型按钮，检查模型的语法、语义及结构等，如图 2.59 所示。

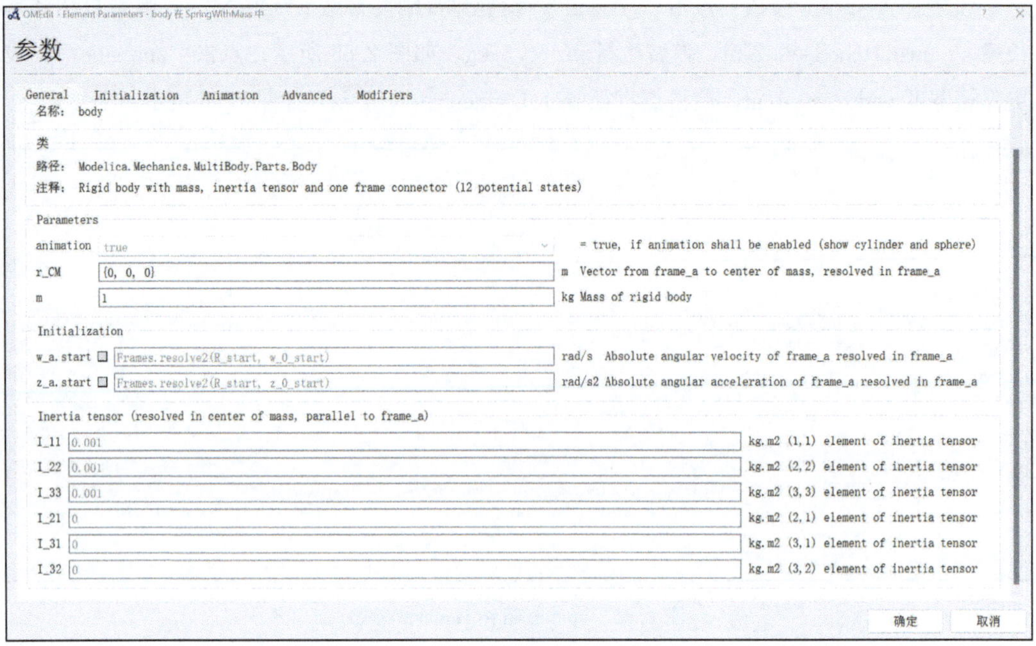

图 2.57　body 组件 General 参数

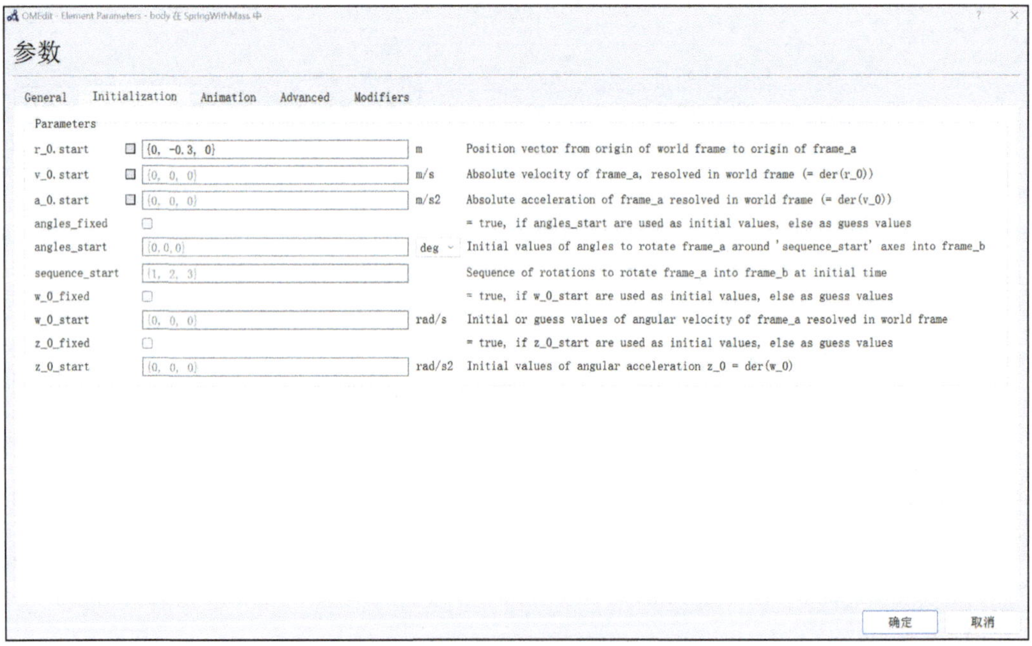

图 2.58　body 组件 Initialization 参数

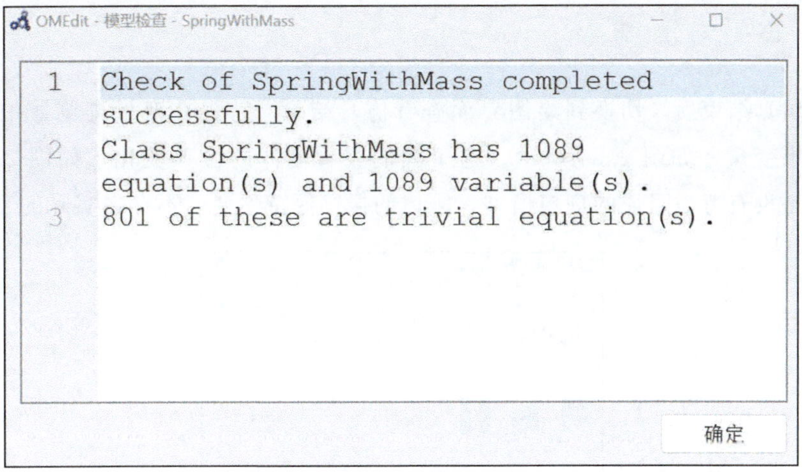

图 2.59　模型检查结果

至此，该实例已完成了全部组件模型的建立，接下来需要进行仿真配置设置，点击工具栏的仿真配置按钮S，设置仿真时间、计算方法、仿真间隔时间等，具体参数如图 2.60 所示。完成仿真配置参数设置后，点击确定按钮开始仿真计算。

图 2.60　仿真配置

2.3.6 查看仿真结果

模型仿真结束后，切换到绘图界面查看仿真结果。首先在变量浏览器中选择您要查看的结果变量，如图 2.61 所示。这里我们查看刚体的位移变化，如图 2.62 所示，由于本例是没有考虑阻尼的理想模型，刚体的振幅保持不变，不存在实际的衰减。

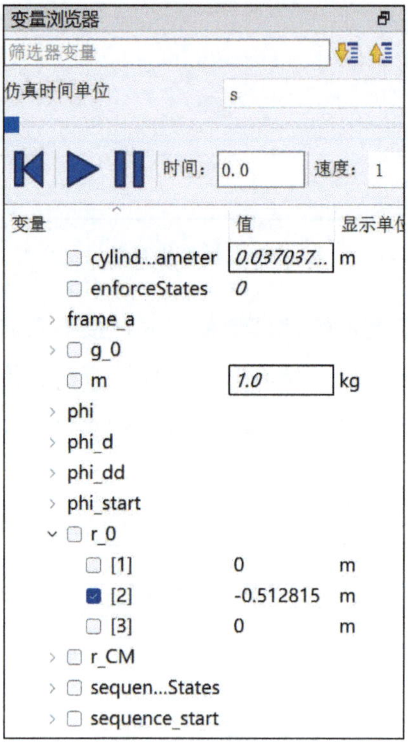

图 2.61 变量浏览器

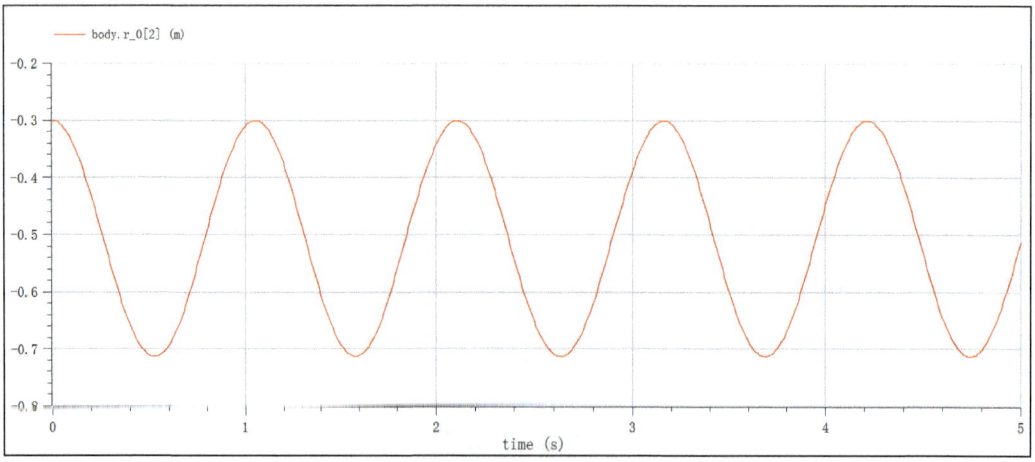

图 2.62 刚体位移

2.4　流体冷却系统

接下来以流体冷却系统为例模拟流体传热仿真过程，流体冷却系统模型如图 2.63 所示，模拟各个管道中管壁和冷却剂的温度变化。该系统通过泵从外界环境以恒定速度抽取水，流经管道 pipe1 和管道 pipe2 后经过管道 pipe3 汇流，管道 pipe3 与外界环境相连。其中管道 pipe1 和管道 pipe2 的恒定热源分别为 Heat1（$P_1=5$ W/s）和 Heat2（$P_2=10$ W/s），管道 pipe1 和管道 pipe2 的管壁热容（C_p）均为 0.1 J/K。所有管壁与外界的接触均为绝热。

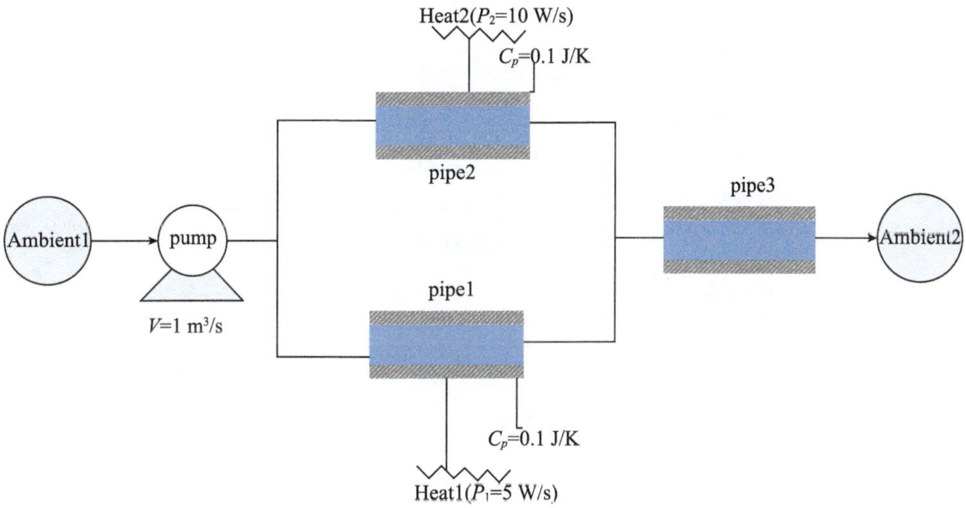

图 2.63　流体冷却系统模型

2.4.1　创建新的模型

首先启动 OpenModelica，加载 Modelica 标准库并在库浏览器中展开。

接下来创建一个新的模型，可以通过菜单选择文件→New→新建 Modelica 类创建新的模型，如图 2.64 所示；或者也可以点击工具栏新建 Modelica 类按钮创建新的模型。

在对话框中输入名称，此处为 ParallelCooling，特殊化选择默认的 Model，如图 2.65 所示，点击确定，ParallelCooling 空模型就创建完成，此时在库浏览器中就可以看到我们新建的模型，如图 2.66 所示。

图 2.64　新建 Modelica 类

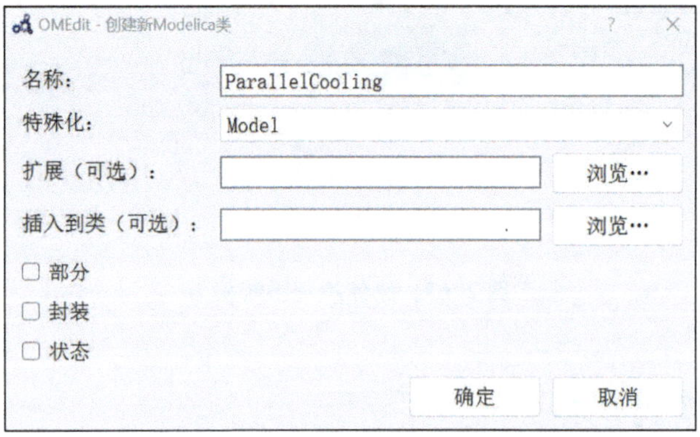

图 2.65　创建 ParallelCooling 模型

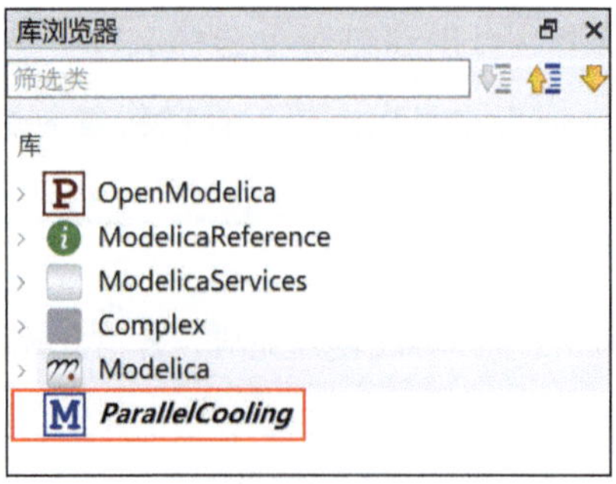

图 2.66　库浏览器中 ParallelCooling 模型

2.4.2　添加组件模型

根据图 2.63 所示，ParallelCooling 系统包括的组件有泵、管道和环境边界。由于 Modelica 标准库中管道组件（Modelica. Thermal. FluidHeatFlow. Components. Pipe）无法表达流体冷却系统中的管壁模拟要求。因此，针对管壁模型，我们选用 Convection 组件（Modelica. Thermal. HeatTransfer. Components. Convection）来构建管道的管壁模型，而热源则选用 PrescribedHeatFlow 组件（Modelica. Thermal. HeatTransfer. Sources. PrescribedHeatFlow）来构建。

接下来利用标准库的模型拖拽建模。首先展开 Modelica 标准库，可以看到不同专业的模型库，如图 2.67 所示。

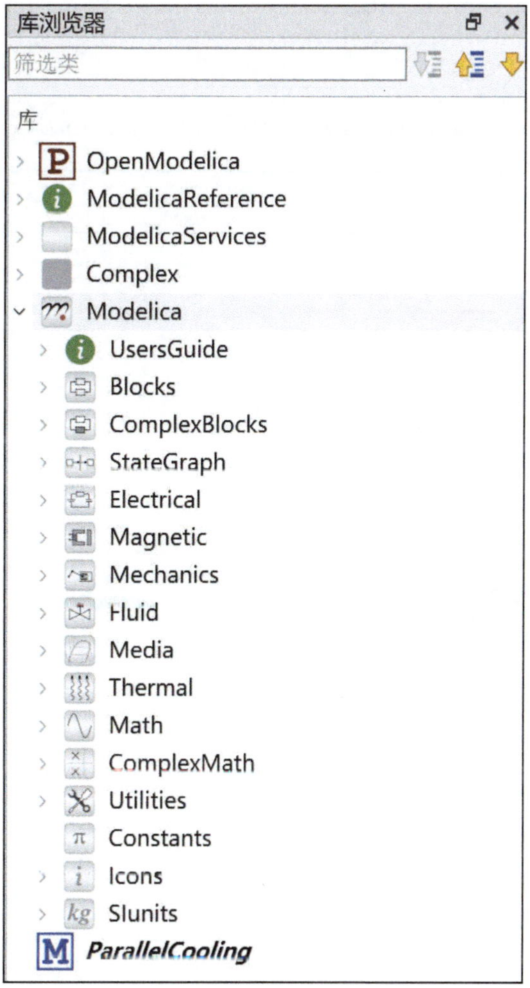

图 2.67　Modelica 标准库

拖拽前，双击 ParallelCooling，确保设计窗口为此模型，回到库浏览器窗口，按表 2.5 找到各组件所属模型。依次拖动表 2.5 中的组件到设计窗口，并对各组件重命名，如图 2.68 所示。

表 2.5 ParallelCooling 系统组件模型组件路径

组件名	组件所属模型	路径
pipe1	Pipe	Modelica. Thermal. FluidHeatFlow. Components. Pipe
pipe2		
pipe3		
pump	VolumeFlow	Modelica. Thermal. FluidHeatFlow. Sources. VolumeFlow
ambient1	Ambient	Modelica. Thermal. FluidHeatFlow. Sources. Ambient
ambient2		
convection1	Convection	Modelica. Thermal. HeatTransfer. Components. Convection
convection2		
prescribedHeatFlow1	PrescribedHeatFlow	Modelica. Thermal. HeatTransfer. Sources. PrescribedHeatFlow
prescribedHeatFlow2		

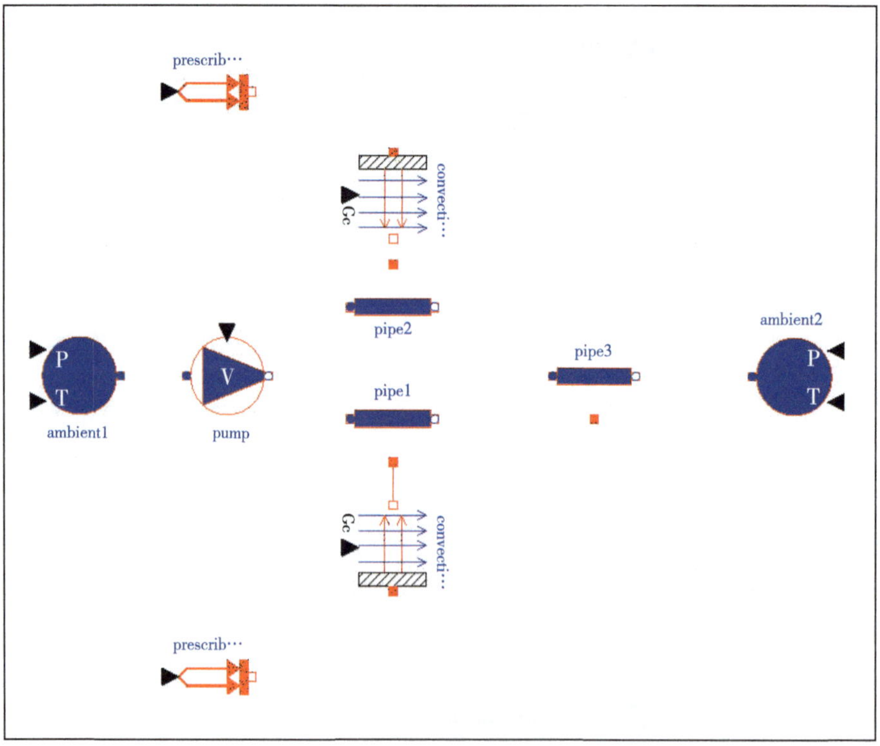

图 2.68 ParallelCooling 组件视图

2.4.3　建立连接

所有组件都拖拽完成后，将各个组件依次连接到一起，组成如图 2.69 所示的模型。

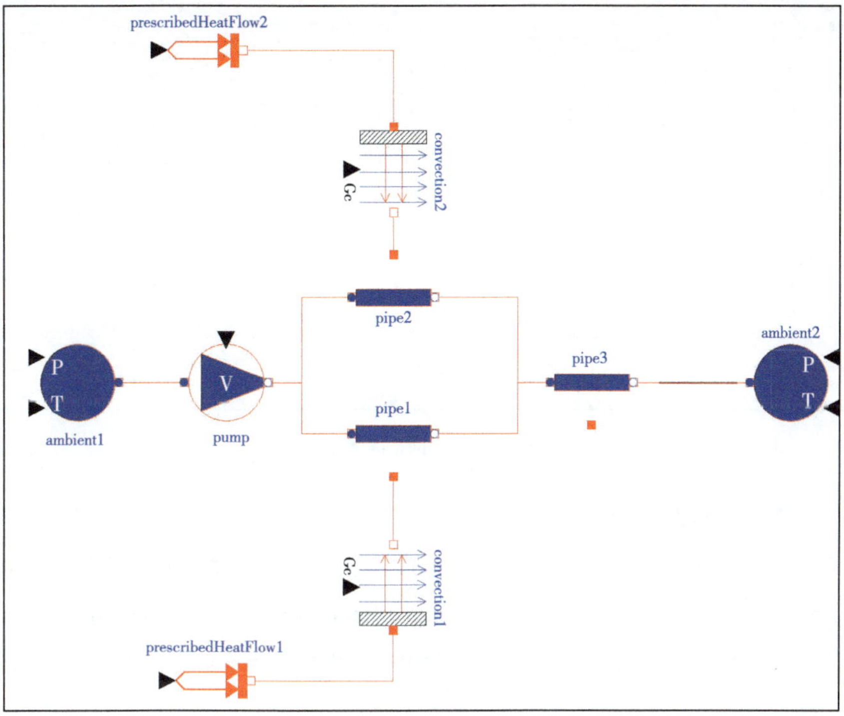

图 2.69　ParallelCooling 系统模型图

2.4.4　设置参数

系统模型创建完成后，需要为所有的组件模型设置相应的参数。在 OpenModelica 中给组件模型设置参数有两种方式，一是，通过组件参数对话框界面，如图 2.70 所示直接设置参数；二是，建立控制输入参数，并与相应的组件建立连接。下面我们用这两种方式为 ParallelCooling 系统中所有组件模型设置相应的参数。

(1) 管道模型参数设置

管道模型参数设置，双击管道组件弹出图 2.70 所示的参数设置对话框，冷却剂选用默认的介质，流体质量 $m=0.1$ kg，初始温度 $T_0=293.15$ K。摩擦系数部分：层流速度 V_flowLaminar=0.1 m^3/s，层流压降 dpLaminar=0.1 Pa，冷却剂名义流速 V_flowNominal=1 m^3/s，名义压降 dpNominal=1 Pa。管道 pipe2 和管道 pipe3 的参数与管道 pipe1 参数一致。

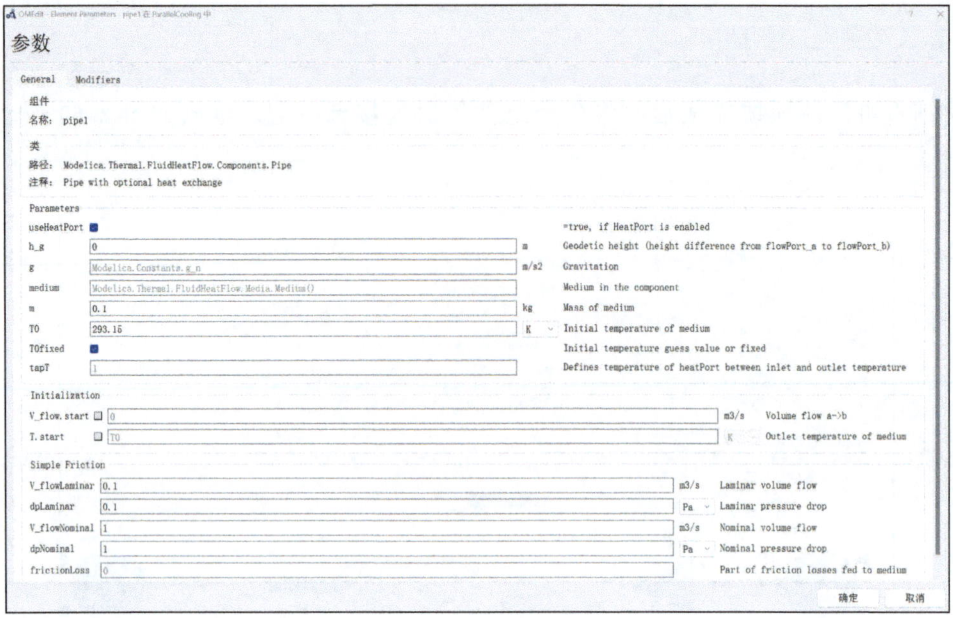

图 2.70 pipe1 参数设置

（2）外部环境参数设置

外部环境 ambient 参数设置，其设置方式和管道 pipe1 设置方式类似，双击该组件图标，弹出参数设置对话框，如图 2.71 所示。ambient1 的温度 constantAmbientTemperature＝293.15 K，环境压力 constantAmbientPressure＝0 Pa。ambient2 的参数与 ambient1 的一致。

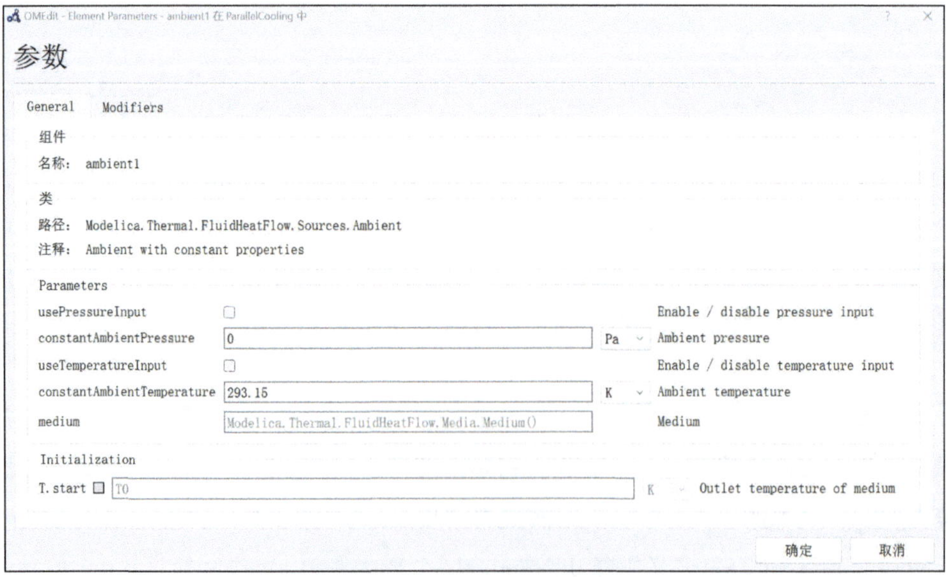

图 2.71 ambient1 参数设置

（3）泵的参数设置

泵的参数设置如图 2.72 所示，设置 pump 的恒定流速 constantVolumeFlow＝1 m^3/s，温度 T_0＝293.15 K，采用系统默认的介质，介质质量 m＝0 kg。

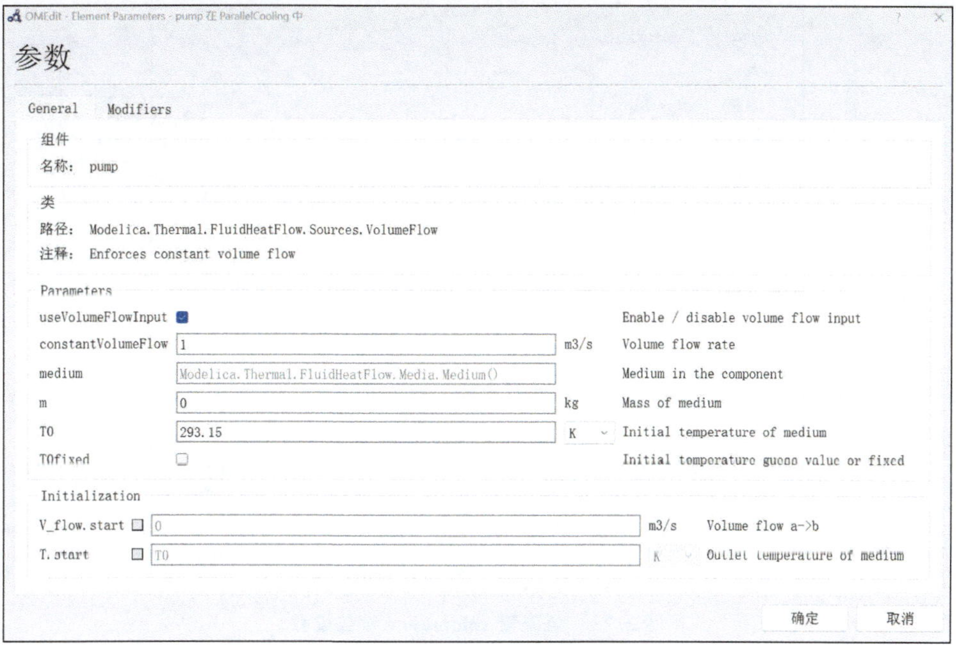

图 2.72　pump 参数设置

此外，本算例 pump 的实际流速是由外部控制信号输入的。这里需要勾选 useVolumeFlowInput 用来表示 pump 的流速通过外部信号控制。选用 Modelica 标准库中 Modelica. Blocks. Source. Constant 作为流速控制信号，将其命名为 volumeFlow，设置泵流量系数 k＝1，并将 volumeFlow 与 pump 设备相连接，如图 2.73 所示。

（4）管壁参数设置

管壁参数设置主要包括两个方面：一是，管壁和冷却剂之间的传热参数及管壁和外部环境传热参数设置；二是，管壁自身的热容及温度参数设置。这里统一采用控制信号的方式输入。

以管道 pipe1 为例，管壁和冷却剂的传热参数设置，采用 Modelica. Blocks. Sources. Constant 组件作为控制信号输入源，将其命名为 thermalConductance1，并设置传热参数K＝1 J/K（包括对流和导热），如图 2.74 所示，同时建立和管壁模型 Convection 的连接。管壁和外部环境参数传递，本算例做了简化，认为管壁和外部环境之间为绝热。而管壁热容采用 Modelica. Thermal. HeatTransfer. Components. HeatCapacitor 组件来构建，命名为 heatCapacitor1，设置热容值 C＝0.1 J/K，如图 2.75 所示，并建立 heatCapacitor1 和管壁模型 Convection1 的连接。管道 pipe2 的管壁参数设置与管道 pipe1

的一致。最终管壁参数设置效果如图 2.78 所示。

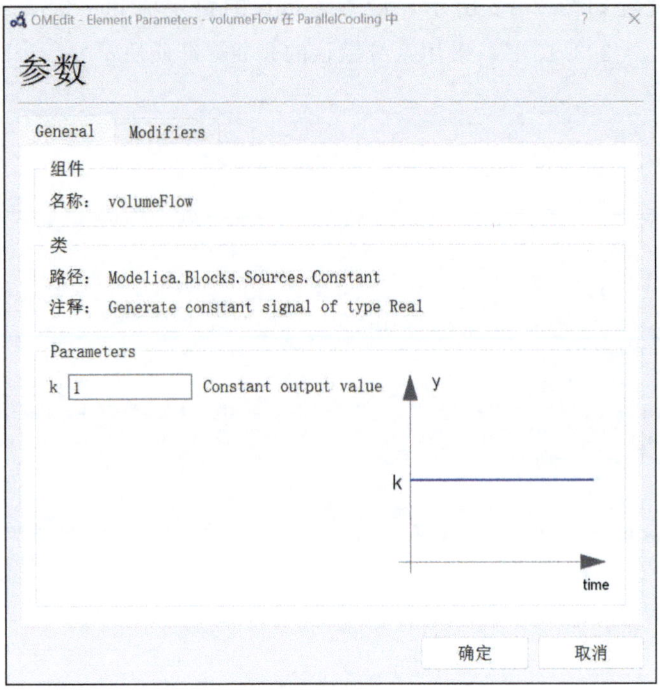

图 2.73　泵流量 volumFlow 参数设置

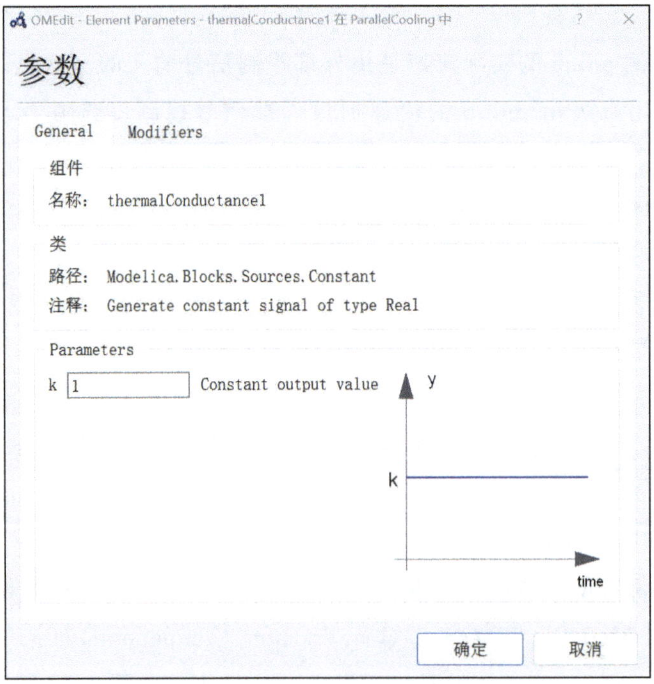

图 2.74　管壁和冷却剂热传递参数设置

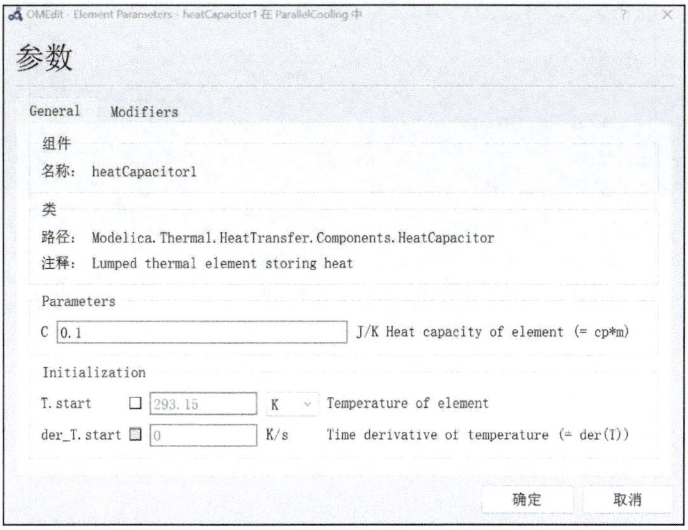

图 2.75　pipe1 管壁热容参数设置

(5) 热源参数设置

管壁模型 convection1 和 convection2 均含有热源。为了有效构建管壁的热源，本算例分 2 个步骤进行实施。以 convection1 的热源为例：首先，采用组件 Modelica. Thermal. HeatTransfer. Sources. PrescribedHeatFlow 构建管壁 convection1 的热源模型，命名为 prescribedHeatFlow1，并设置其基本参数，如图 2.76 所示；其次，采用 Modelica. Blocks. Sources. Constant 组件作为热源控制信号输入，命名为 heatFlow1，设置参数 $k=5$，如图 2.77 所示，并建立和 prescribedHeatFlow1 热源的连接关系。

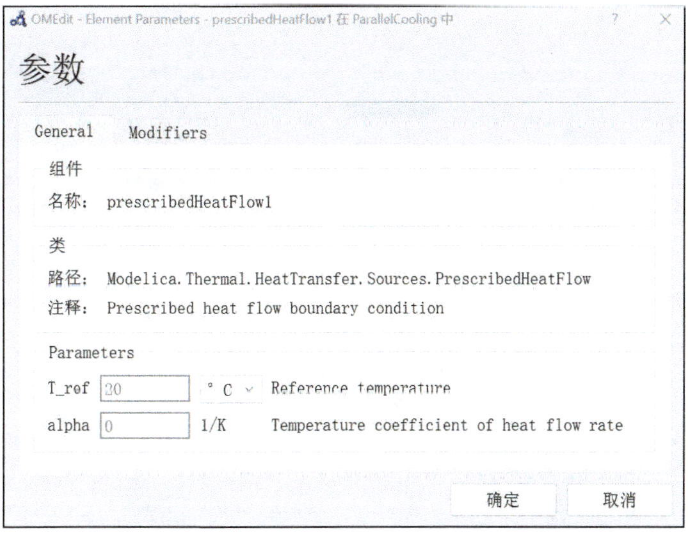

图 2.76　prescribedHeatFlow1 热源基本参数设置

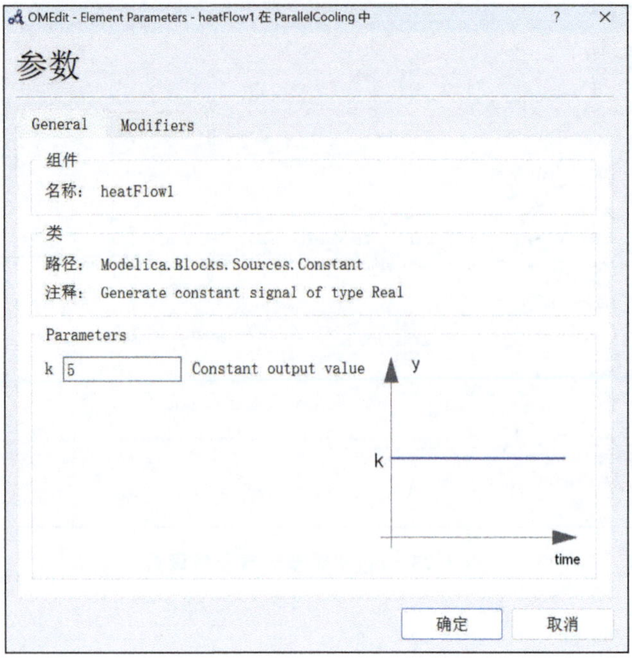

图 2.77　prescribedHeatFlow1 热源控制信号数值设置

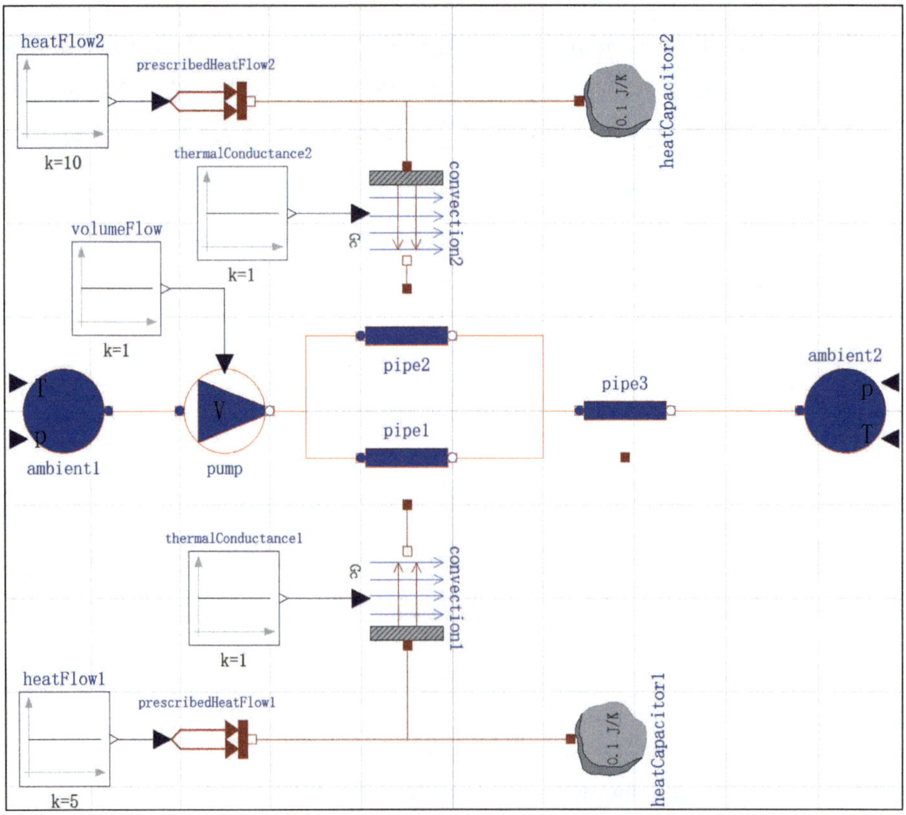

图 2.78　ParallelCooling 系统模型

同样的方式，创建管壁 convection2 的热源模型，包括 prescribedHeatFlow2 和 heatFlow2 模型，只不过 heatFlow2 模型中参数值 $k=10$。

2.4.5　仿真模型

组件模型参数设置完成后，仿真模型之前最好先检查模型，点击工具栏的检查模型按钮，检查模型的语法、语义及结构等，如图 2.79 所示。

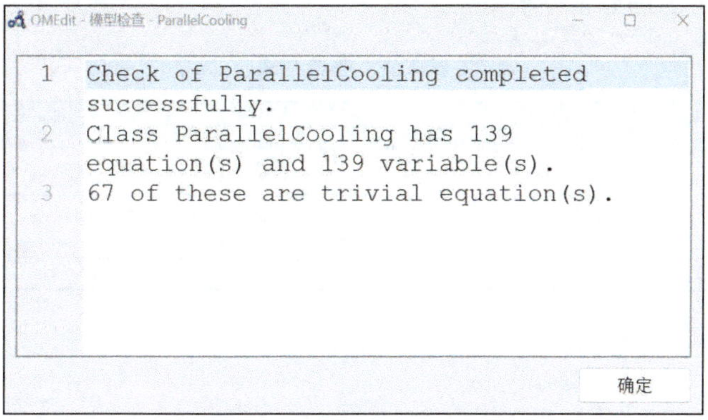

图 2.79　模型检查结果

至此，该实例已完成了全部组件模型的建立，接下来需要进行仿真配置设置，点击工具栏的仿真配置按钮S，设置仿真时间、计算方法、仿真步长等，具体参数如图 2.80 所示。完成仿真配置参数设置后，点击确定按钮开始仿真计算。

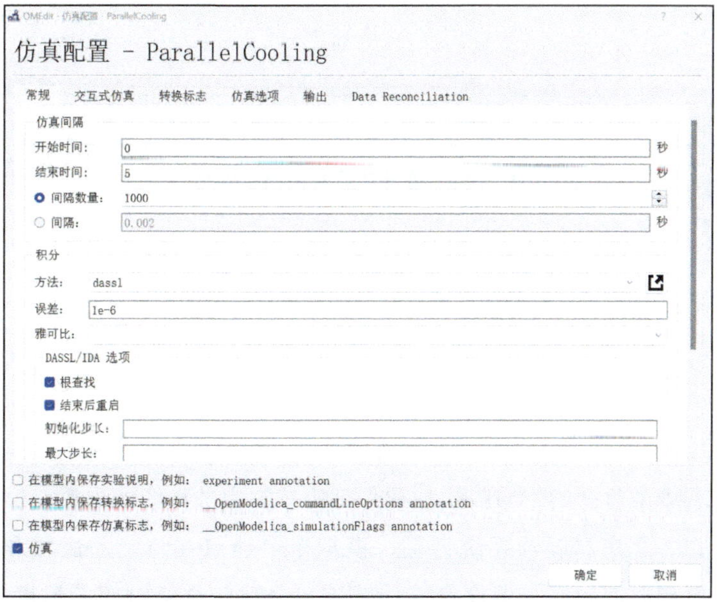

图 2.80　仿真配置

2.4.6 查看仿真结果

模型仿真结束后，切换到绘图界面查看仿真结果。首先在变量浏览器中选择您要查看的结果变量，变量含义见表 2.6，模型仿真结果如图 2.81 所示，冷却剂温度在大约 2 s 后达到平衡。管道 pipe1 的温度由初始的 20 ℃非线性上升，经过 2 s 达到 40 ℃并维持平衡；管道 pipe2 和管道 pipe3 的温度变化与管道 pipe1 的温度变化规律类似，在 2 s 后分别达到 35 ℃和 30 ℃，随后维持平衡。

表 2.6 变量列表

变量名	说明
pipe1. T	管道 pipe1 冷却剂温度
pipe2. T	管道 pipe2 冷却剂温度
pipe3. T	管道 pipe3 冷却剂温度

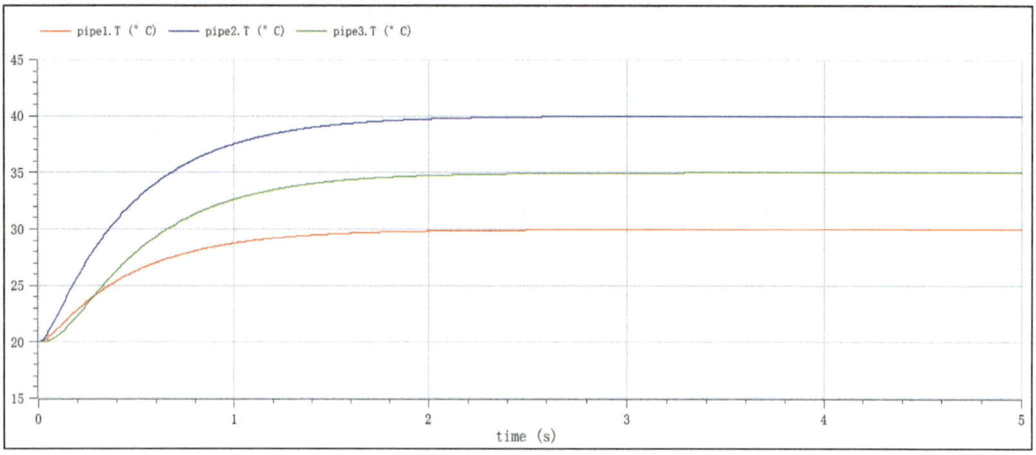

图 2.81 管壁和冷却剂温度变化

2.5 房屋暖通系统

本章第 2.1、2.2 和 2.3 节中的实例都是基于 Modelica 标准库 MSL 完成的图形化建模仿真计算。本节将介绍 OMEdit 加载外部第三方库进行图形化建模仿真计算。

现在我们以一个房屋暖通系统为例，模拟单个建筑在特定的区域和环境影响下，如大气温度、日照时间和空气湿度等，计算该单个建筑全年时间的温度变化、供热及供冷需求。

本例中需要调用第三方模型库 BuildingSystems，它是一个免费的开源库，可用于单个房间，整个建筑及街区建筑的能量消耗，特别是区域能源动态的能量模拟及分析。BuildingSystems 库使用过程中还可以随时参考维基提供的指引，网址为 https：//github. com/UdK-VPT/BuildingSystems/wiki。

2.5.1　加载外部模型库

假设您在本地已经下载了 BuildingSystems 库（下载地址为 http：//www. modelica-buildingsystems. de）。您可以通过菜单栏选择文件→打开模型/库文件，在弹出的对话框，选择 BuildingSystems 目录中的 package. mo，点击打开即可完成 BuildingSystems 库的加载。OMEdit 库浏览器中将出现第三方库 buildingSystems，如图 2.82 所示。

图 2.82　BuildingSystems 库展示

2.5.2　创建新的模型

接下来创建一个新的模型，可以通过菜单栏选择文件→New→新建 Modelica 类创建新的模型，如图 2.83 所示；或者也可以点击工具栏新建 Modelica 类按钮创建新的模型。

在对话框中输入模型的名称，此处为 SimpleBuilding，特殊化选择默认的 Model，扩展选择 Modelica. Icons. Example，如图 2.84 所示，点击确定，SimpleBuilding 空模型即创建完成，此时在库浏览器中就可以看到新建的模型，如图 2.85 所示。

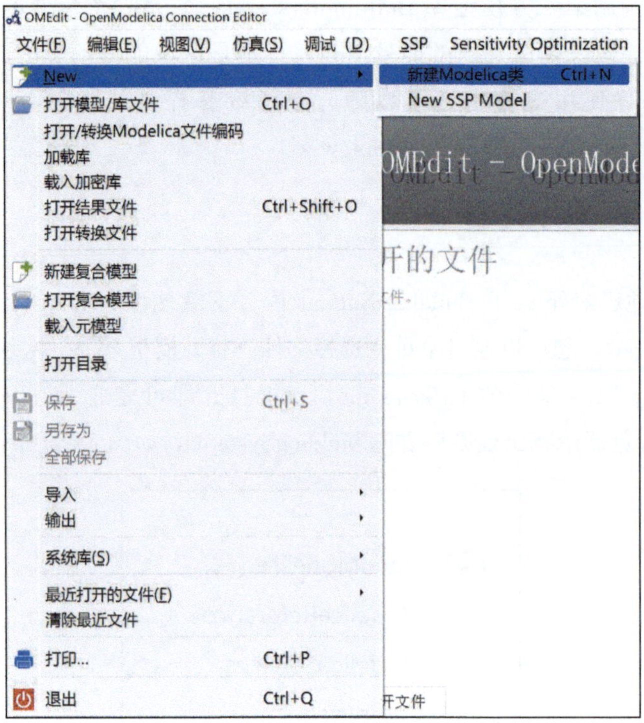

图 2.83　新建 Modelica 类

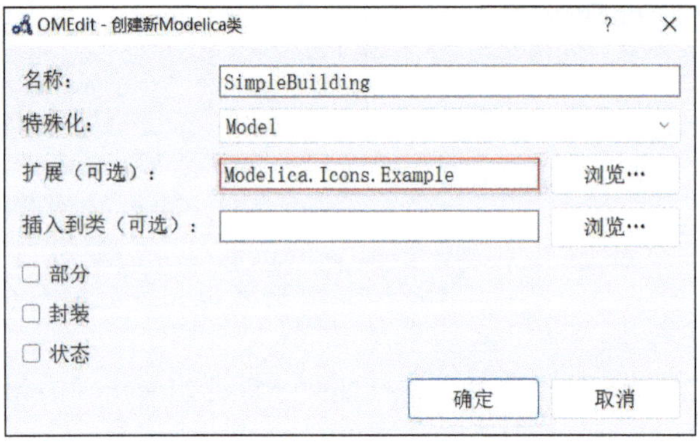

图 2.84　创建 SimpleBuilding 模型

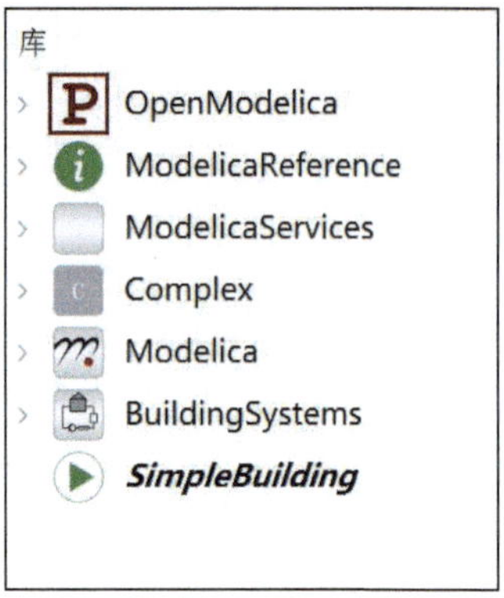

图 2.85　库浏览器中 SimpleBuilding 模型

2.5.3　添加组件模型

接下来利用 BuildingSystems 库和 Modelica 标准库 MSL 的模型拖拽建模。首先展开 BuildingSystems 库，可以看到模型库整体结构，如图 2.86 所示。

拖拽前，双击 SimpleBuilding，确保设计窗口为此文件。我们所需要的组件模型可以按照表 2.7 的路径找到。

图 2.86　BuildingSystems 库结构图

表 2.7　单个房屋暖通模型组件路径

组件名	组件所属模型	路径
building	Building1Zone1DBox	BuildingSystems. Buildings. BuildingTemplates. Building1Zone1DBox
ambience	Ambience	BuildingSystems. Buildings. Ambience
TSetHeating	Constant	Modelica. Blocks. Sources. Constant
TSetCooling	Constant	Modelica. Blocks. Sources. Constant
airchange	Constant	Modelica. Blocks. Sources. Constant

依次拖动表 2.7 中的组件模型到设计窗口，并对各组件重命名，如图 2.87 所示。

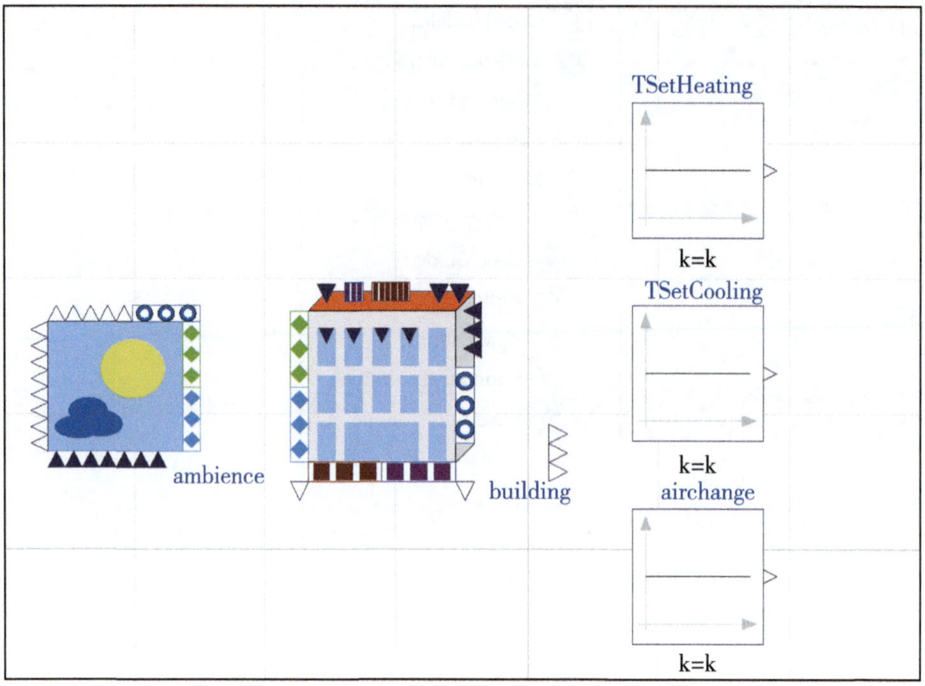

图 2.87 组件视图

2.5.4 建立连接

所有组件都拖拽完成后，接下来需要依次对各组件模型进行连接。ambience 与 building 的连接如表 2.8 所示。另外的 3 个常量输入组件 TSetHeating、TSetCooling、airchange 与 building. T _ setHeating、building. T _ setCooling、building. airchange 相连，如图 2.88 所示。

表 2.8 连接 ambience 与 building

序号	ambience 的端口	building 的端口
①	ambience. toAirPorts	building. toAmbienceAirPorts
②	ambience. toSurfacePorts	building. toAmbienceSurfacesPorts
③	ambience. TAirRef	building. TAirAmb
④	ambience. xAir	building. xAirAmb

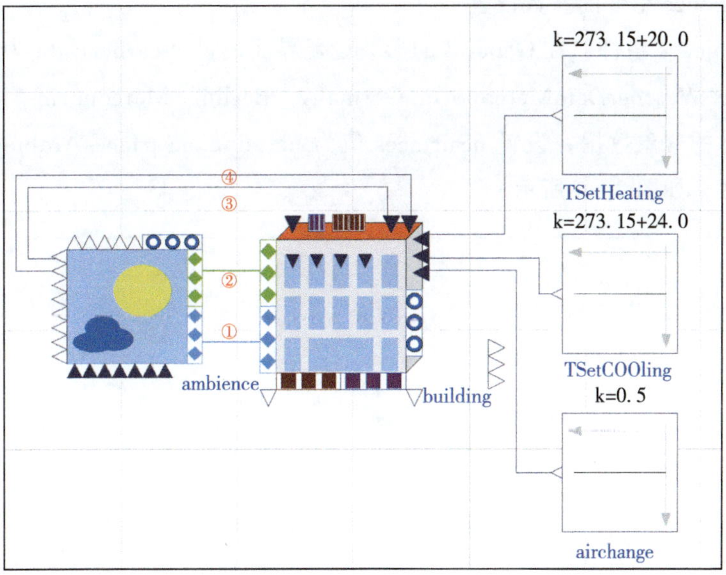

图 2.88　组件视图

2.5.5　设置参数

设置之前，需要确认 Replaceable Support 是否被激活可用。点击菜单栏工具→选项→常规设置面板中，确认 Enable Replaceable Support 勾选，如图 2.89 所示。

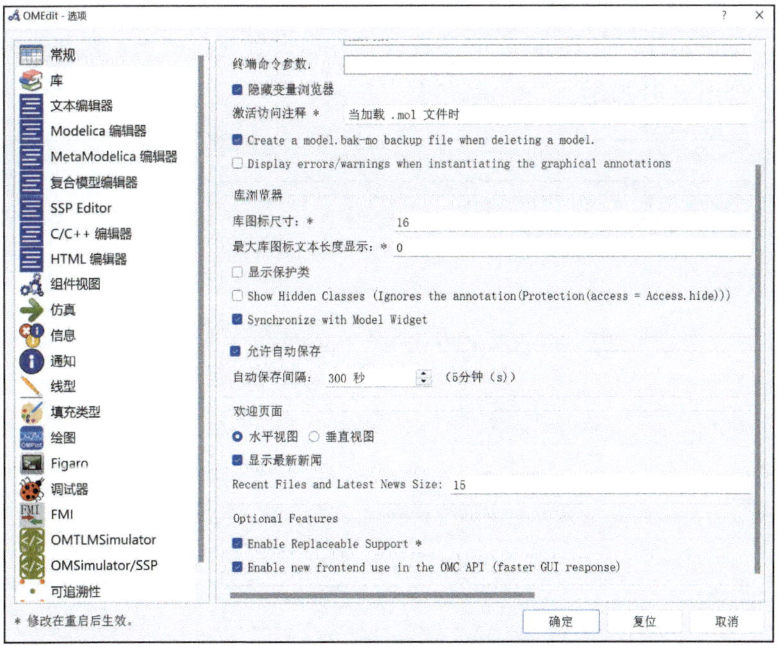

图 2.89　常规选项设置对话框

（1）ambience 组件的参数设置

双击 ambience 组件，在 General 的参数设置界面设置 WeatherData 为 BuildingSystems. Climate. WeatherDataMeteonorm. Germany _ Berlin _ Meteonorm _ ASCII，该数据是德国柏林的气象数据。设置 nSurfaces 值为 building. nSurfacesAmbiemce，该值为建筑的表面数，如图 2. 90 所示。

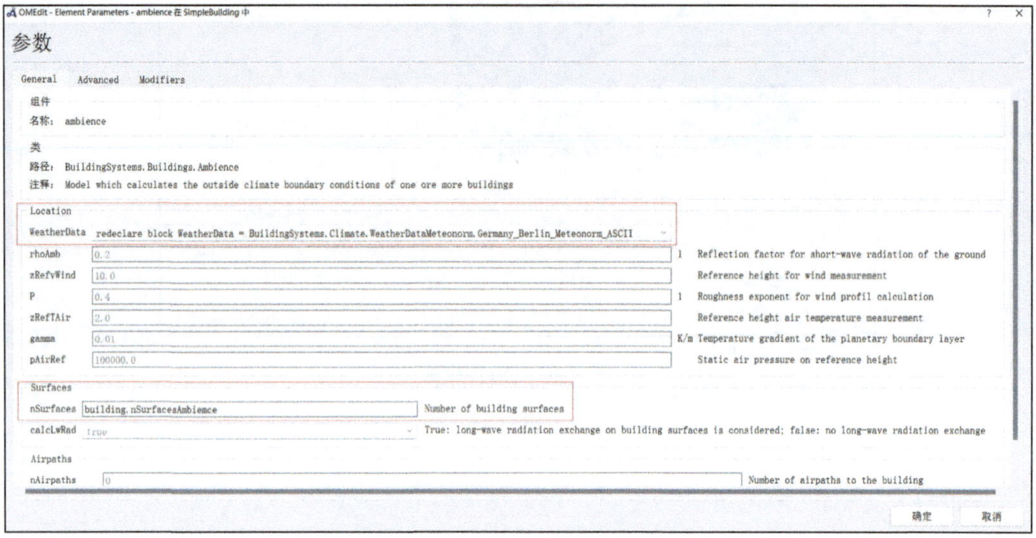

图 2. 90　ambience 组件的参数设置

（2）building 组件的参数设置

双击 building 组件，在 General 的参数设置界面设置建筑的长、宽和高分别为 9 m、9 m 和 3 m，如图 2. 91 所示。

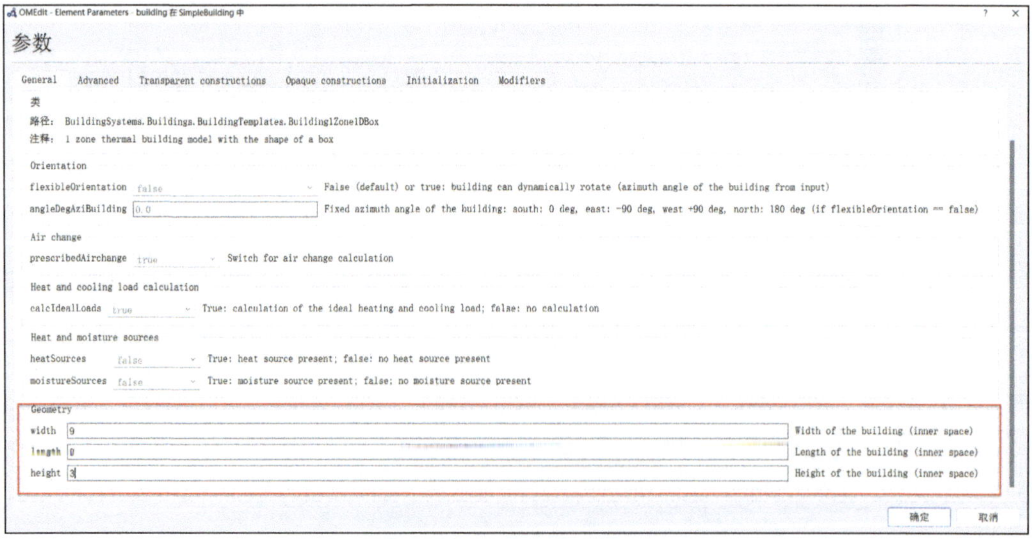

图 2. 91　building 组件长、宽和高参数的设置

打开 Opaque constructions 的参数设置界面，在 Exterior constructions 区域设置各个墙体材料，在 Interior constructions 区域设置不存在内墙和天花板，如图 2.92 所示。

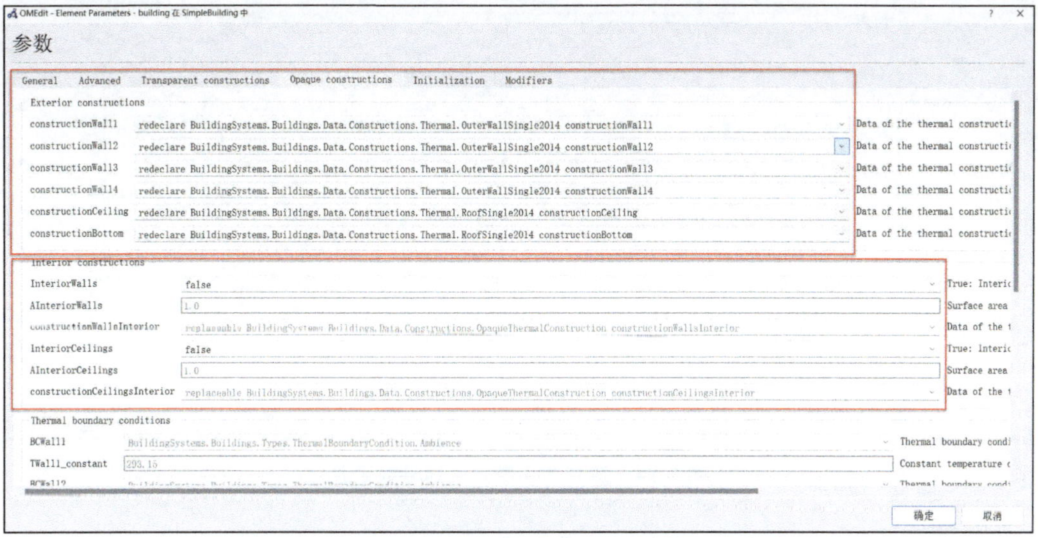

图 2.92　building 组件的墙体材料等参数的设置

在 Transparent constructions 的参数设置界面对各墙体上的窗户参数进行设置，如图 2.93 和图 2.94 所示。

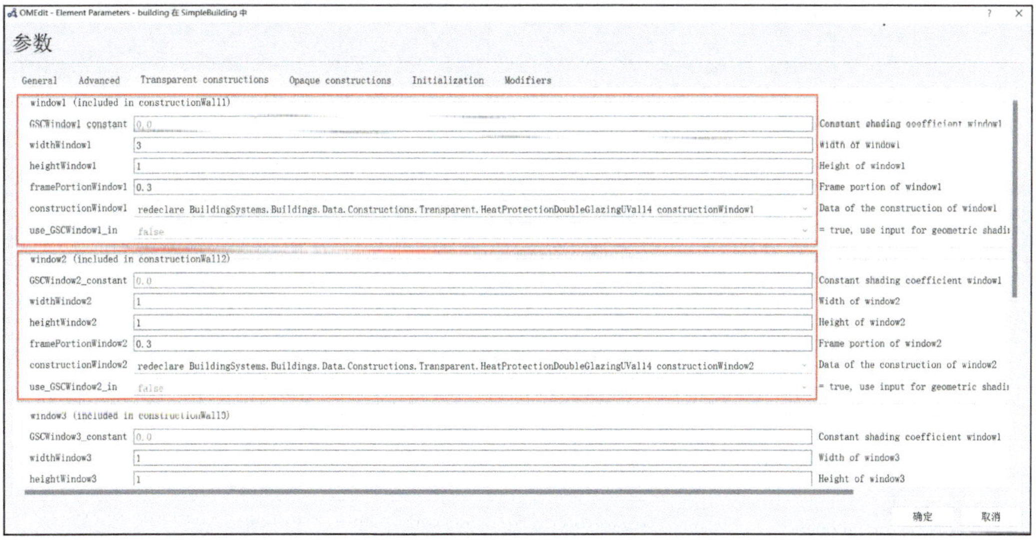

图 2.93　窗户 1 和窗户 2 的参数设置

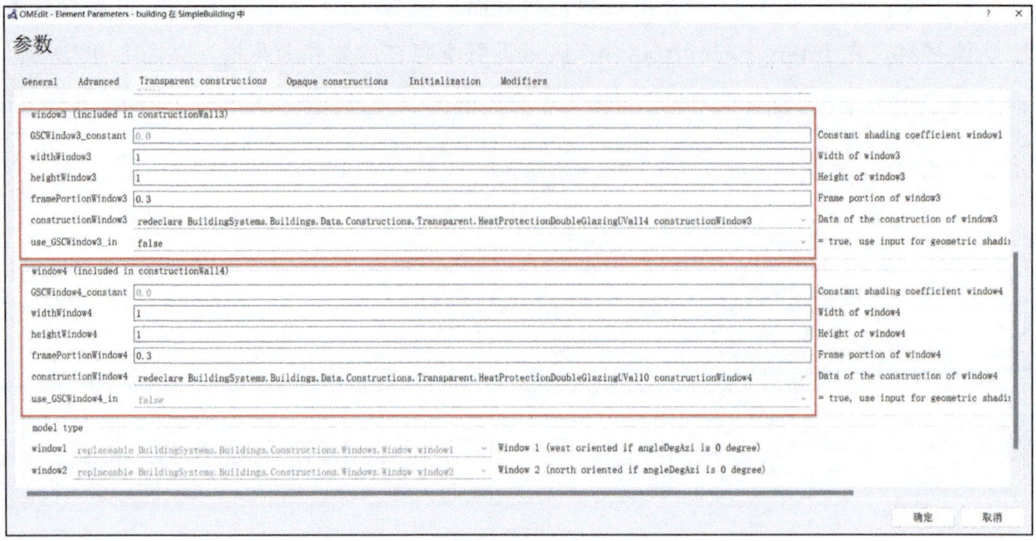

图 2.94　窗户 3 和窗户 4 的参数设置

（3）building 组件的边界条件的参数设置

双击 TSetHeating 组件，在 General 的参数设置界面设置温度为（273.15＋20.0）K，如图 2.95 所示。

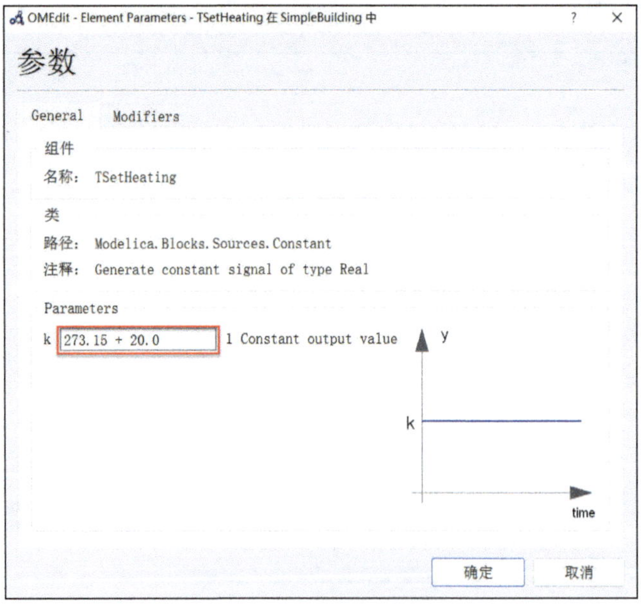

图 2.95　建筑供热边界设定

双击 TSetCooling 组件，在 General 的参数设置界面设置温度为（273.15＋24.0）K，如图 2.96 所示。

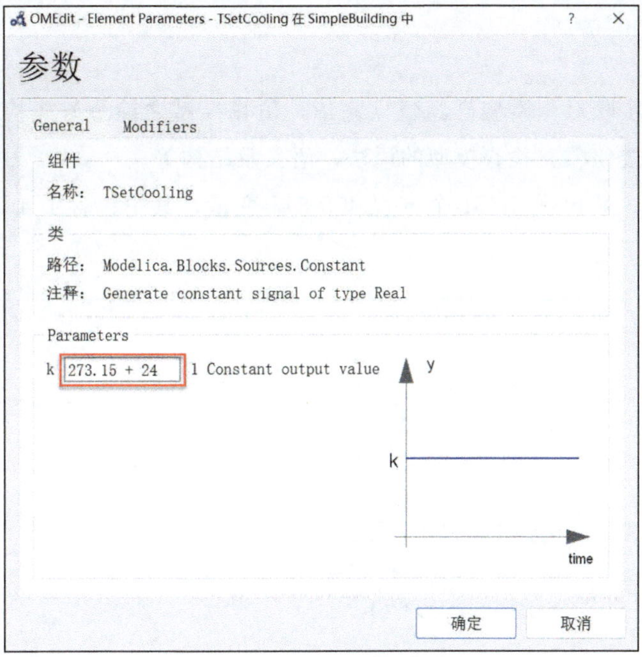

图 2.96　建筑供冷边界设定

双击 airchange 组件，在 General 的参数设置界面设置建筑换气率为 0.5，如图 2.97 所示。

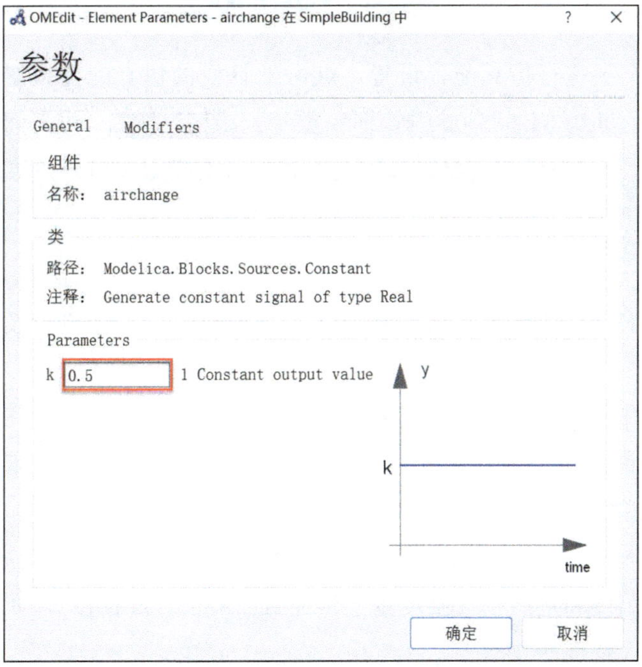

图 2.97　建筑换气率设定

2.5.6 仿真模型

经过前边的步骤后，模型已经建立完毕，仿真模型之前最好先检查模型，点击工具栏的检查模型按钮，检查模型的语法、语义及结构等。

本章节示例一共包含 5 571 个方程和 5 571 变量，其中包含了 4 673 个常规方程，如图 2.98 所示。

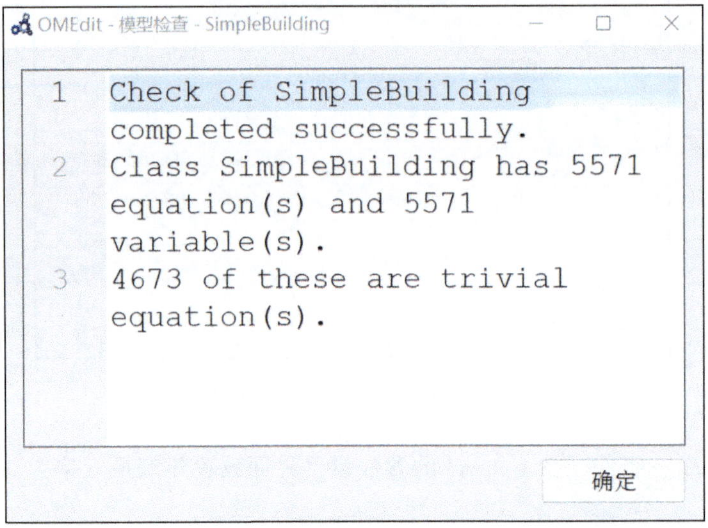

图 2.98 模型检查结果

仿真计算前需要进行仿真配置设置，点击工具栏的仿真配置按钮S，设置仿真时间（本例的仿真时间为 31 536 000 s，即一整年）、计算方法、仿真间隔时间等，具体参数如图 2.99 所示。完成仿真配置参数设置后，点击确定按钮开始仿真计算。

2.5.7 查看仿真结果

接下来，我们可以从仿真结果中查看建筑全年时间的温度变化及供热，供冷需求变化曲线。

图 2.100 是环境温度、室内空气温度和通风系统运行温度随时间的变化曲线。从图中可以很明显的看出当地气候的环境温度大部分时间在 20 ℃以下，特别是年初的 1 月和 2 月及年底的 11 月和 12 月，环境温度基本在－10 ℃～10 ℃，意味着该时间段供热需求较大，而年中 6—9 月的环境温度相对较高，基本在 10 ℃～30 ℃区间波动。而通风系统运行温度和室内空气温度基本维持在 20 ℃，只有在 6—9 月会随着环境温度的变化而有较大幅度的波动。

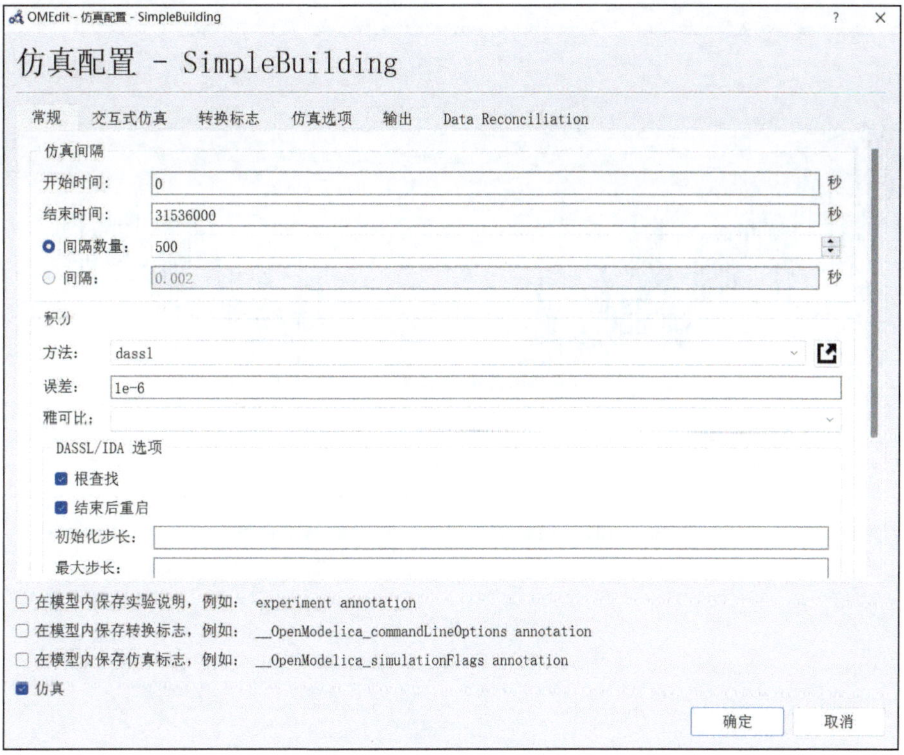

图 2.99　仿真配置

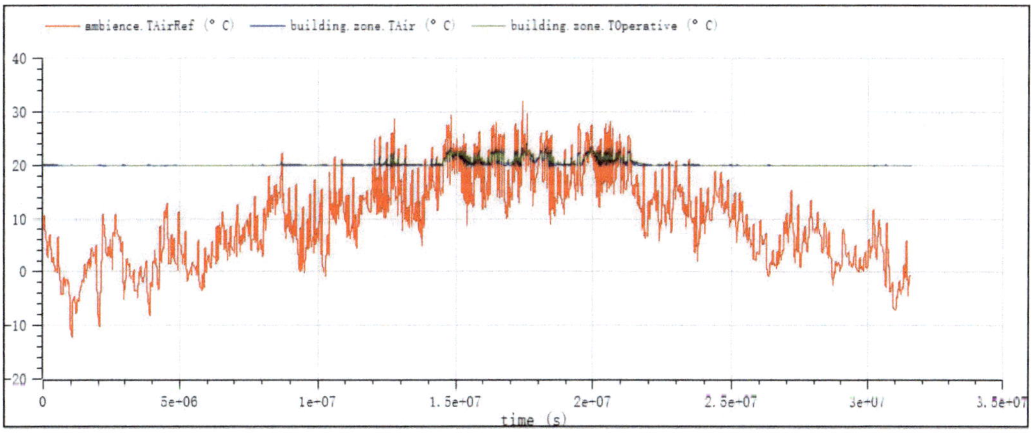

图 2.100　环境温度、室内空气温度和通风系统运行温度曲线

图 2.101 是建筑的年度供冷和供热需求曲线图，可以很明显地看出，该地区该建筑年度内几乎不存在供冷需求，因为当地气温常年偏低，但是供热需求比较突出，尤其是年初及年尾，相对应的时间是 1—5 月和 8—12 月，其中 1 月、2 月、11 月和 12 月达到峰值。

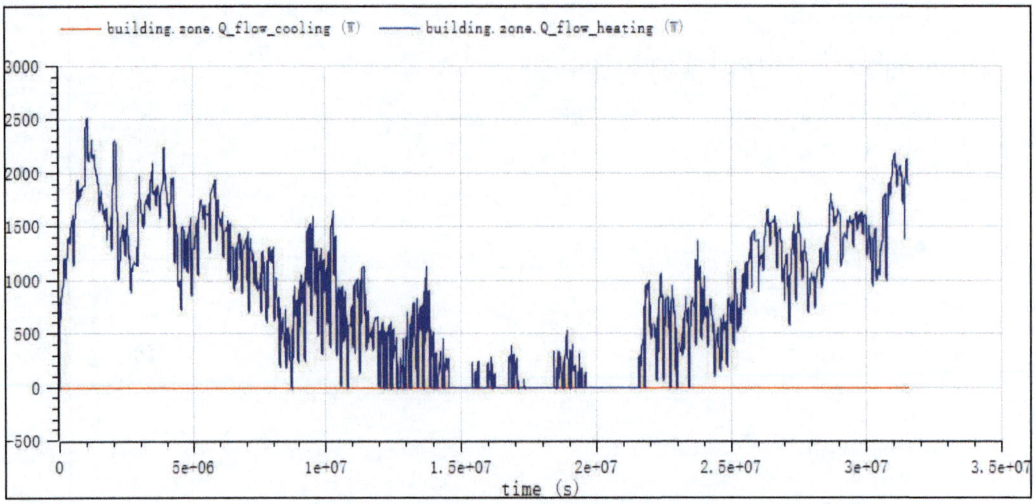

图 2.101 建筑的年度供冷和供热需求曲线

第3章 层级式建模方法

本书第2章介绍了简单实例的图形化建模仿真方法，对于相对简单的系统而言，在对系统进行建模仿真时可直接按照现实物理拓扑结构进行建模。然而，对于相对复杂的系统而言，就很有必要遵循一定的方法进行建模仿真，这个方法就是层级式建模方法[2]。本章节所述的建模方法是基本原理，因此，不仅适用于图形化建模，也同样适用于文本建模。文本建模的有关内容见本书第4章。言归正传，OpenModelica支持面向对象的物理系统建模，Modelica认为一个物理系统中所有组成都是物理对象，物理对象是一个物理元件属性和行为的封装体，物理对象之间通过自然物理连接相互联系。因此，层级式建模方法是建立在面向对象的基础原理之上的。基于面向对象技术的层级式建模方法有助于使模型结构贴近物理现实的拓扑结构，便于模型知识的重用、组合、扩展等。本章就如何自上而下分解系统及如何自下而上构建系统两个方面对层级式建模方法进行说明。建议您在进行复杂系统建模前先学习本章内容。

3.1 层级式建模方法的基本原理

3.1.1 自上而下的系统分解方法

简单来讲，系统分解方法的基本原则是依据系统自然存在的组件和物理拓扑结构来对系统进行分解。为了更好地理解依据系统自然存在的组件和物理拓扑结构的自上而下的系统分解方法或原则，先来大概了解一下以往的系统分解方法。以往的系统分解方法是自顶向下根据模型的功能对系统进行分解。这种系统分解方法通常会导致两方面的问题。一方面，由于模型依据系统功能建立，所构建的模型难以反映真实的物理系统，物理系统拓扑结构与模型的连接关系无法对应[4]，例如，大家熟悉的simulink模型，是一种纯数学模型，从而模型的拓扑结构与现实物理系统的拓扑结构非常不一致；另一方面，由于模型强调的是功能而非物理组件自身，不具有普遍适用的价值，因而难以得到广泛应用[4]。基于系统自然存在的组件和拓扑结构的系统分解方法，如图3.1所示。

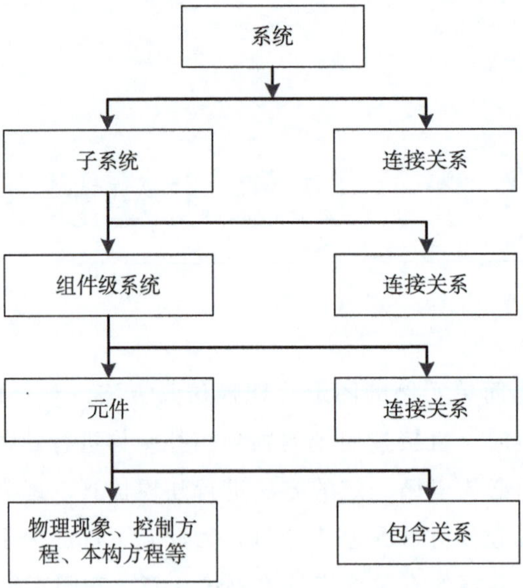

图 3.1　基于面向对象的系统分解方法

我们以核电系统为例，在合理的拓扑结构假设前提下，核电系统可基于面向对象自上而下分解为 4 个层次，分别是系统/子系统级、组件级、元件级和基础级[3]。首先，核电系统可分解为组成系统的子系统及子系统之间的连接关系，子系统如一回路系统、二回路系统等。子系统又可以继续分解为组件级系统和组件级系统之间的连接关系，组件级系统如蒸汽发生器、核反应堆和稳压器等。组件级系统又可以分解为元件及元件之间的连接关系，元件如泵、阀和管道等。按照该方法可逐级依次分解至基础模型和相互之间的包含关系，基础级模型如基本控制方程、源项系数、物性介质和接口模型等。

这种系统分解方法可以实现从物理现象、物理元件到系统模型的重用，并且各级模型一一对应于其对象——实际物理系统，使建立的模型更贴近实际系统的组成和组成之间的拓扑关系[4]。

3.1.2　自下而上的层级式系统构建方法

系统模型的构建过程正好与自上而下的系统分解过程相反，系统模型的构建过程遵循自下而上的层级式构建方法。首先构建底层的基础级抽象模型，之后依据各层次模型的组成以及相互之间的拓扑关系逐层递进连接成系统。需要注意的是，抽象模型只能作为基类供元件级模型继承使用，这是因为，抽象模型并不完整，不能实例化。

系统模型的构建过程中需要注意以下几个方面[4]：

(1) 连接器标准化。连接器是 Modelica 区别于其他模块化建模方式的重要特征。例如，在热流体系统建模中，为了标准化，连接器须同时用于气相、液相、两相流体模型，也不区分模型是集总式还是分布式、模型是否为瞬态。

（2）模型颗粒度。在系统的实际建模仿真中，由于对精度的要求不同，所以会需要不同颗粒度模型来对物理系统进行模拟。因此，我们在模型库的构建中需要做到，当精度要求不同时，可以用不同精度的模型进行替代，而保持整体系统拓扑结构不变。

（3）设备模型与工质模型的解耦。模型库的构建过程中，将设备模型和流体介质类型进行解耦建模，有助于提高模型的重用性和建模效率。

（4）系统范围的模型特性。对于多个模型都包含的相同类型及数量的参数，如流体介质、重力加速度等，可以采用定义全局范围的模型特性参数的方式来避免可能出现的设置错误。

（5）模型重用性与可读性的平衡。在模型库的构建过程中，需要兼顾模型的重用性和可读性，尽可能做到模型重用性和可读性之间的平衡，使得模型库既可以最大程度地实现模型的重用，又可以使得模型代码有很强的可读性和可维护性。

3.2　模型库的组织技术

当我们构建一个简单模型或模型库时，模型或模型库的内容可以直接存储在文件中，文件名默认为模型或模型库的名称，且文件的扩展名为 mo。例如，本书第 2 章简单实例图形化建模仿真部分中 RLC 电路模型存储在名为 RLC. mo 的文件中。当我们构建较为复杂的模型库时，模型库将存储在多个目录和文件中，每个模型库的层次结构都映射到相应的目录层次结构上。

3.2.1　模型库的组织原理

Modelica 模型库的组织原理是基于文件目录的物理组织方式和基于 Package-Model 的逻辑组织方式，如图 3.2 所示[5]。这样的方式可以很好地支持建模和仿真环境中 Modelica 编译器的模型搜索与编译功能。Modelica 标准库 MSL 的组织方式就是按照上述的物理组织方式和逻辑组织方式构建的。

在本书前面章节的实例操作中，您也许已经注意到，启动 OMEdit 后，Modelica 标准库 MSL 已经被自动加载到 OMEdit 中。但是，其他模型库则只有在需要的时候才会被手动加载。这是因为，OMEdit 启动时会自动加载 MODELICAPATH 记录的路径下的模型库，在 Modelica 规范中，Modelica 标准库 MSL 的路径被记录在 MODELICAPATH 中。其他以文件系统目录形式保存的模型库称为外部类。我们将要构建的模型或模型库绝大部分是外部类。外部类有结构化实体和非结构化实体两种保存形式。结构化实体和非结构化实体相结合就构成了一个完整的模型库组织结构[6]。

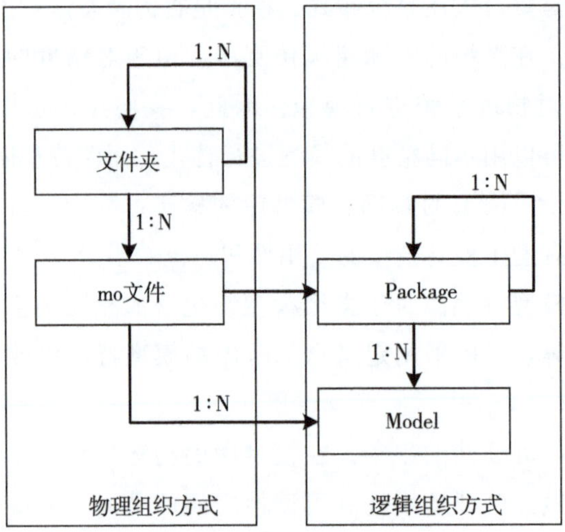

图 3.2　模型库的组织原理示意图

那么，什么是结构化实体，什么是非结构化实体呢？接下来，我们以具体的示例来进行说明。假设有如下的文件夹目录结构，文件夹的名称为 A，文件夹中有 3 个文件，分别是 package. mo、b. mo 和 c. mo。

以上示例中，文件夹 A 目录下有文件名为 package. mo 的文件，则该文件夹就被识别为结构化实体，且文件夹目录下所有 . mo 文件都是 package 的子类。此时，文件夹 A 中定义的类有 A、A. b 和 A. c。需要特别说明的是，对于被识别为结构化实体的文件夹 A，Modelica 编译器系统会自动生成一个以文件夹的名称 A 命名的 package 类。以上实例中，文件夹目录下以单独文件保存在 b. mo 和 c. mo 的子类 A. b 和 A. c 则为非结构化实体。

如果您依然对模型库的组织原理似懂非懂，可以待学习完本书后面的章节内容后再来理解。我们相信结合后面的内容，您会对本部分内容有深刻的认识和理解，并且可以熟练地运用到您所需要的复杂模型库的构建工作中。

3.2.2　模型库的加载

我们在使用 OpenModelica 进行建模仿真时，不可避免地会使用到 Modelica 标准库 MSL 以外的第三方库，这时就需要加载第三方模型库。如果您是初学者，模型库的加载可能会有点困扰。加载模型库有两种不同的方式，这是因为模型库有以结构化实体和非结构化实体形式保存的两种形式。

当您点击菜单栏的文件，可以看到菜单中有打开模型/库文件和加载库两个选项，如图 3.3 所示。接下来，我们结合具体的示例详细讲解这两种模型库加载方式的相关图形化操作方法，以便更好地理解其不同之处。

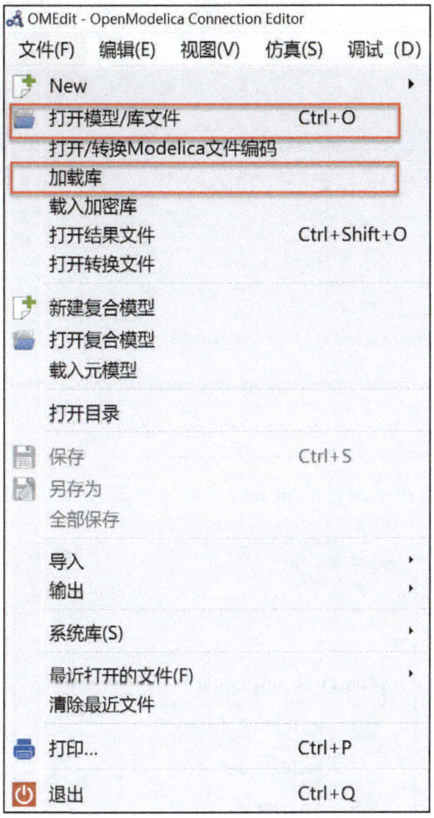

图 3.3　模型库的两种加载方式

当我们选择打开模型/库文件加载模型库时，如果需要加载的模型库是非结构化实体形式，则选择相应的 .mo 文件即可，如图 3.4 所示。成功加载非结构化实体形式的模型库 NonstructB 后，则在库浏览器中可以看到相应的模型库 NonstructB，如图 3.5 所示。如果需要加载的模型库是结构化实体形式，则打开相应的模型库文件夹，然后选择文件夹下的 package. mo 文件即可，如图 3.6 所示。成功加载结构化实体形式的模型库 StructA 后，则在库浏览器中可以看到相应的模型库 StructA，如图 3.7 所示。

当我们选择加载库选项加载模型库时，此时只能选择相应的文件夹，如图 3.8 所示。成功加载模型库后，则在库浏览器中可以看到相应的模型库 StructA，如图 3.7 所示。

通过上述示例的演示操作，您也许已经理解了打开模型/库文件和加载库两种方式的不同之处。加载库选项只能加载结构化实体形式的模型库，而打开模型/库文件则既可以加载非结构化实体形式的模型库，也可以加载结构化实体形式的模型库。对于结构化实体形式的模型库，则您可以选择两种方式中的任何一种都可以成功加载模型库。

对于 OpenModelica 支持的第三方开源模型库，也可以点击菜单栏→文件→系统库进行加载。

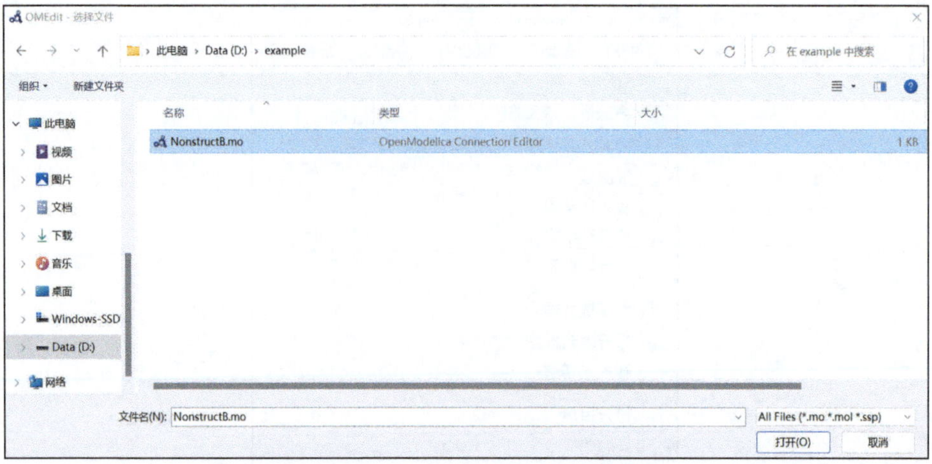

图 3.4　选择需加载的非结构化实体形式的模型库 NonstructB

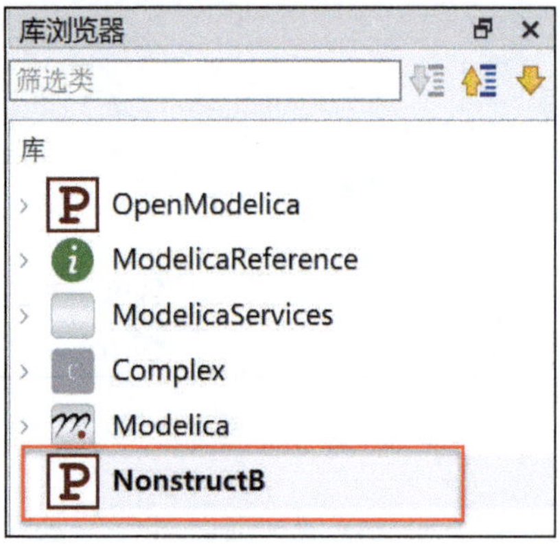

图 3.5　加载后的模型库 NonstructB

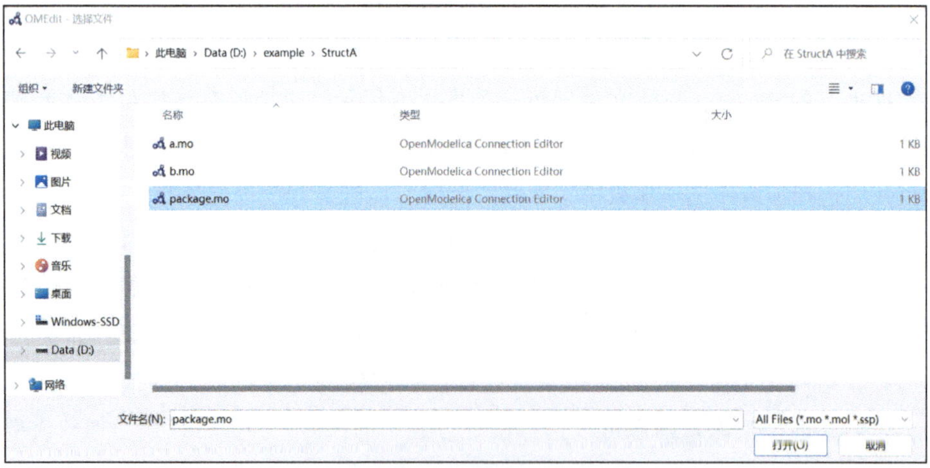

图 3.6　选择需加载的结构化实体形式的模型库 StructA

图 3.7　加载后的模型库 StructA

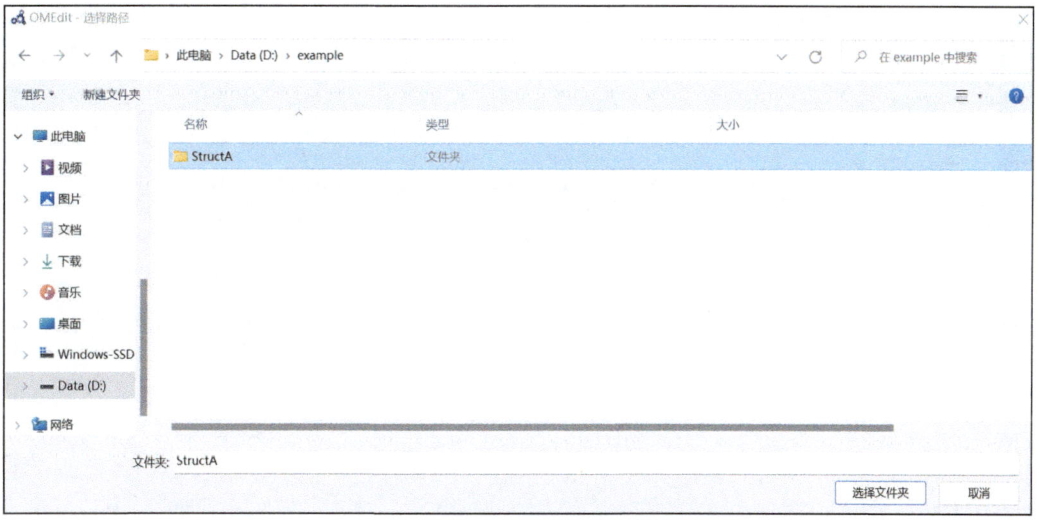

图 3.8　选择需加载的模型库的文件夹

我们在构建模型或模型库时，可能会希望在每次启动 OMEdit 时，所用到的第三方模型库不需要每次都手动加载，而是可以自动加载。那么，怎样操作可以让所需要的第三方模型库自动加载呢？您可以点击菜单栏的工具→选项，如图 3.9 所示，在出现的对话框左侧选择“库”，并将右侧的下拉条下拉，则出现对用户库进行操作的内容，如图 3.10 所示。此时，点击“添加”、“编辑”和“移除”可以对第三方模型库进行相应的操作。以自动加载 ThermoSysPro3.2 为例，选择“添加”，出现添加路径的对话框，如图 3.11 所示。在添加路径的对话框中选择安装目录下的第三方模型库 ThermoSysPro3.2，依次点击确定后退出 OMEdit。重新启动 OMEdit 后，您会发现第三方模型库 ThermoSysPro3.2 已被自动加载到库浏览器中，如图 3.12 所示。

图 3.9　选择“选项”

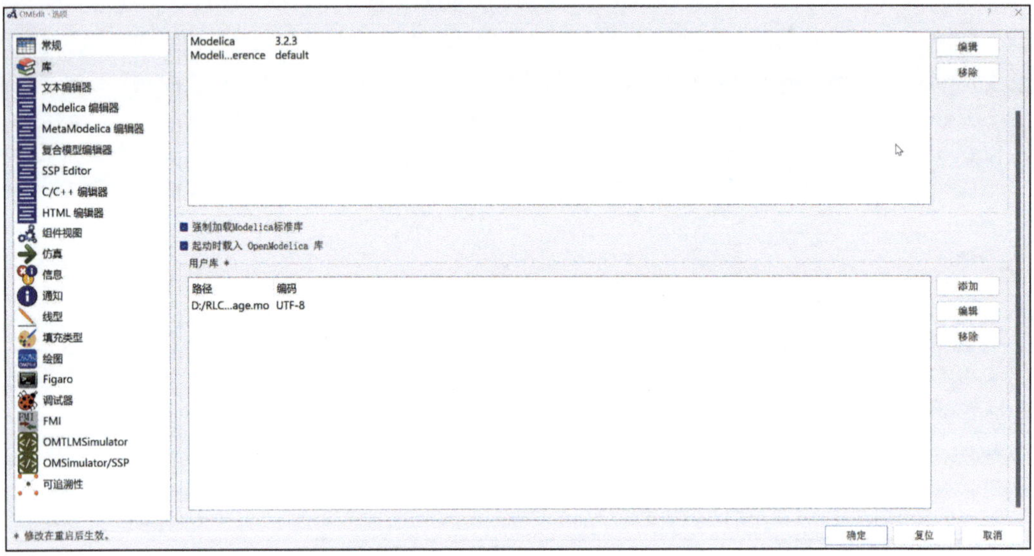

图 3.10　用户库路径对话框

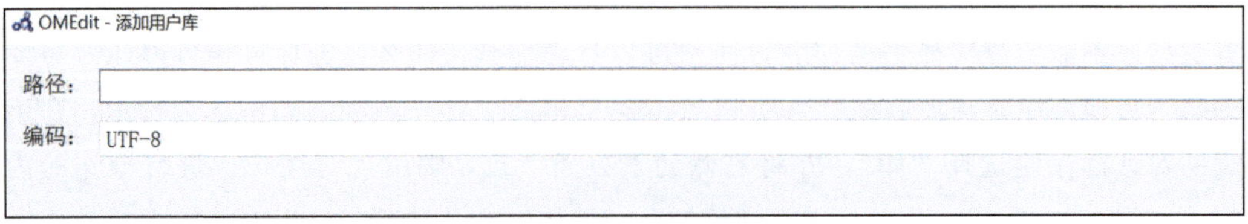

图 3.11　添加路径的对话框

图 3.12　自动加载后的 ThermoSysPro 库

我们在构建模型或模型库时，由于 Modelica 标准库 MSL 的版本问题，可能还会遇到需要更换 Modelica 标准库 MSL 的情况。比如，需要将 MSL4.0.0 更换为 MSL3.2.3，您可以先将 MSL3.2.3 卸载，然后按照加载外部第三方模型库的方法加载 MSL4.0.0 即可。

3.2.3　模型库的版本管理

我们在使用 OMEdit 进行建模仿真时，需要特别关注版本一致性的问题。除了编译器的版本外，还有模型库的版本及 Modelica 标准库 MSL 的版本。如果已经加载的 Modelica 标准库 MSL 的版本与模型库所使用的版本不一致，则有可能出现编译错误或无法正常运行的情况。此时，需要重新加载正确版本的 Modelica 标准库 MSL。

这部分内容虽然看似简单，但是对于初学者而言，却是很容易忽略的。

3.2.4　模型库的保存与卸载

在构建模型或模型库时，模型和模型库的构建过程基本相同，但是保存方式却有差异。模型只能保存为单个 .mo 文件，即非结构化实体形式，本书第 2 章的简单实例图形化建模仿真都属于这种情况。对于模型库而言，则既可以保存为单个 .mo 文件也可以保存为结构化实体。

假设我们要构建一个模型库 A，模型库 A 中包含 b 和 c 两个模型。接下来，我们对模型库保存为单个文件（即非结构化实体）和结构化实体两种形式在 OMEdit 中的图形化操作过程进行演示。

现在，我们将模型库保存为单个文件，即非结构化实体形式。首先，点击工具栏的新建 Modelica 类按钮 ，创建新的模型库 NonstructA，并选择特殊化类 Package，如图 3.13 所示。需要注意的是，此时需要勾选“保存内容到一个文件”。然后，鼠标选中库浏览器中新建的模型库 NonstructA，单击鼠标右键分别创建模型 b 和模型 c，如图 3.14、图 3.15 所

示。此时，我们构建的模型库 NonstructA 在库浏览器可见，如图 3.16 所示。最后，点击工具栏的保存按钮将构建的模型库保存到指定的目标文件夹中，如图 3.17 所示。

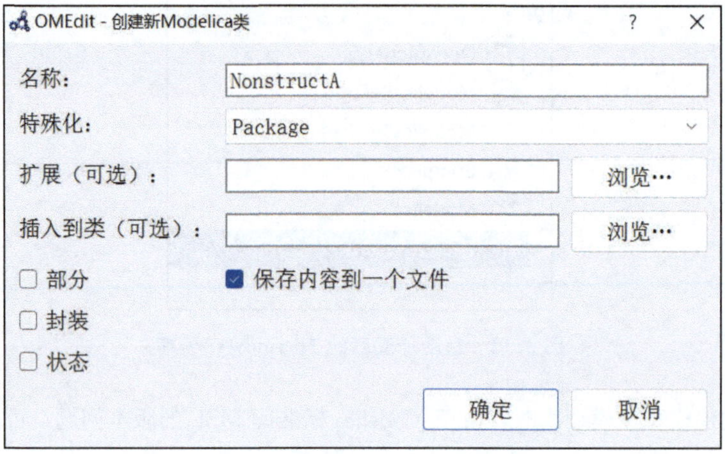

图 3.13　创建模型库 NonstructA

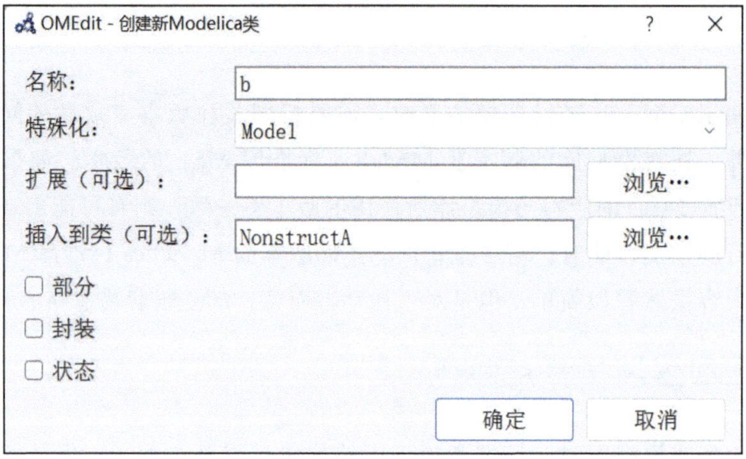

图 3.14　创建模型 b

现在，我们将模型库保存为结构化实体形式。首先，点击工具栏的新建 Modelica 类按钮创建新的模型库 StructA，并选择特殊化类 Package，如图 3.18 所示。您需要注意的是，此时不需要勾选“保存内容到一个文件”。然后，鼠标选中库浏览器中新建的模型库 StructA，单击鼠标右键分别创建模型 b 和模型 c，如图 3.19、图 3.20 所示。此时，我们构建的模型库 StructA 在库浏览器可见，如图 3.21 所示。最后，点击工具栏的保存按钮将构建的模型库 StructA 保存到指定的目标文件夹中，如图 3.22 所示。图中显示的就是基于文件目录的模型库 StructA 的物理组织方式，会发现文件夹中有 package. mo、b. mo、c. mo 和 package. order。package. order 可以暂时不用关注。

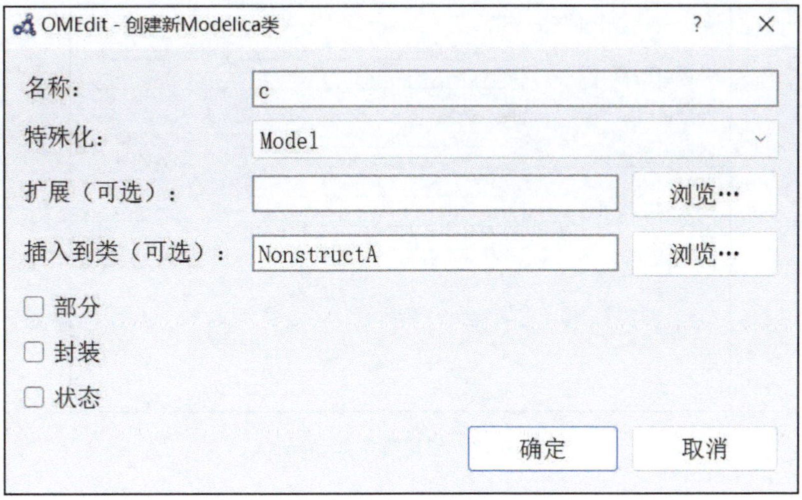

图 3.15　创建模型 c

图 3.16　库浏览器中显示的模型库 NonstructA

图 3.17　保存为单个文件的模型库 NonstructA 的文件目录结构

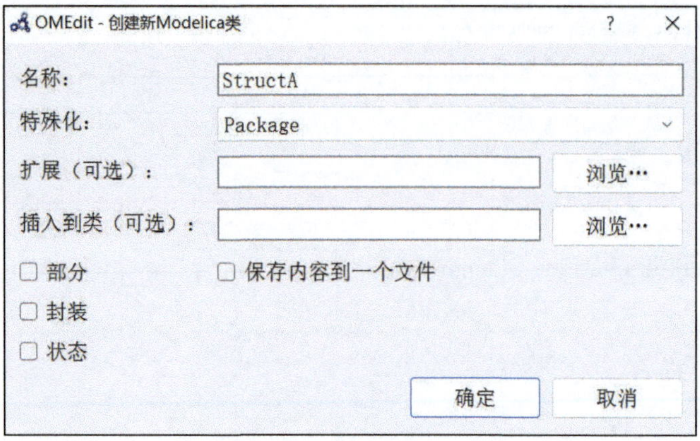

图 3.18　创建模型库 StructA

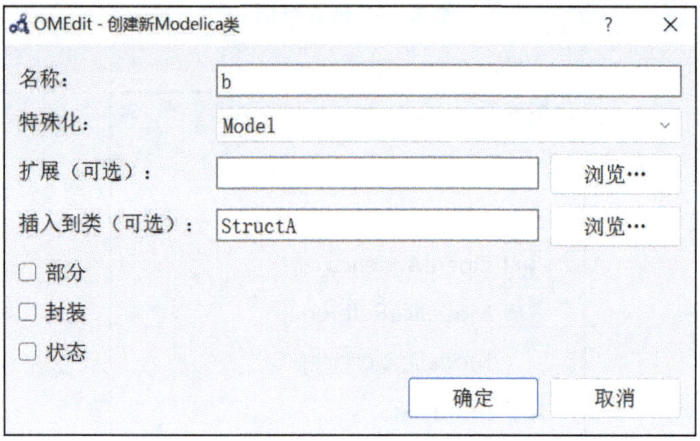

图 3.19　创建模型 b

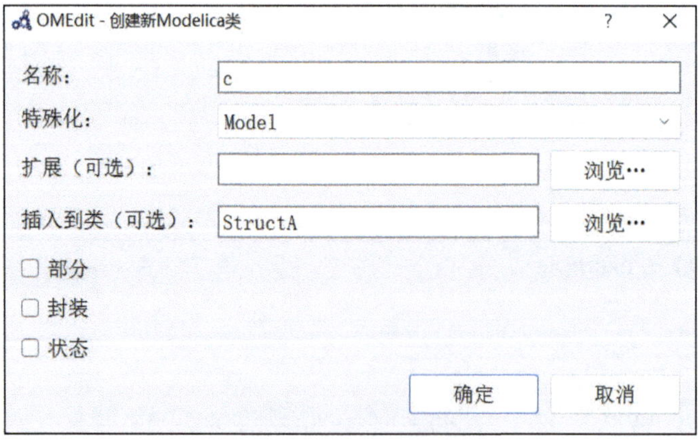

图 3.20　创建模型 c

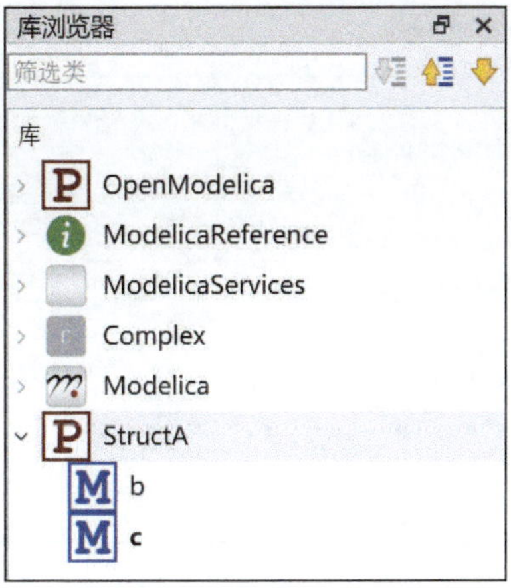

图 3.21　库浏览器中显示的模型库 StructA

图 3.22　保存为结构化实体形式的模型库 StructA 的文件目录结构

对于构建更复杂的模型库时，有可能需要包含多个层次的模型或子模型库。这种情况下，我们在新建下一层次的模型或子模型库时，需要指定一个已经存在的类作为当前模型或子模型库的父类。紧接上述示例，点击工具栏的新建 Modelica 类按钮创建新的子模型库 d，如图 3.23 所示。点击浏览按钮选择 StructA 作为父类，如图 3.24 所示。此时，库浏览器中新建的子模型库 d 如图 3.25 所示。因此，我们只要选择正确的父类，层层创建模型或子模型库，就可以根据自己的需求构建较为复杂的模型库。

模型库以结构化实体和非结构化实体保存会导致一定的差异。当模型库以非结构化实体形式保存在单个文件中时，保存其中任意子节点都会导致整个实体所修改的内容被保存。当模型库以结构化实体形式保存在不同文件夹下的多个文件中时，如果选择保存的模型不是顶层结构化实体，则只会保存当前模型节点所在文件或文件夹下的所有文件，而不会向上保存父节点的其他子节点模型文件。

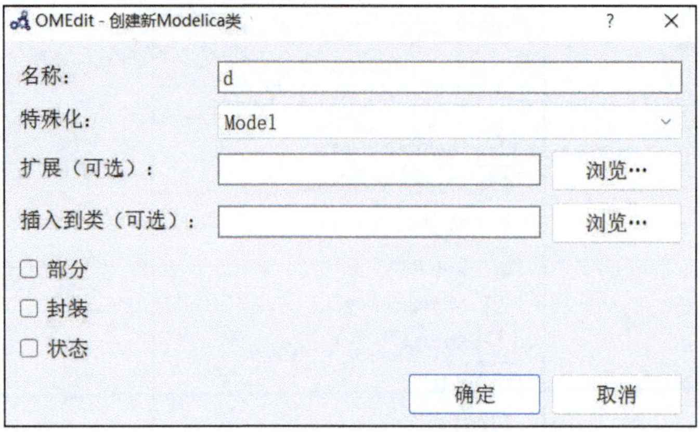

图 3.23　创建子模型库 d

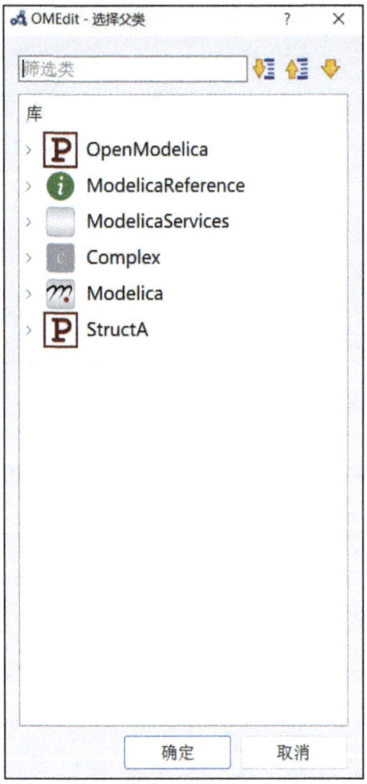

图 3.24　选择父类 StructA

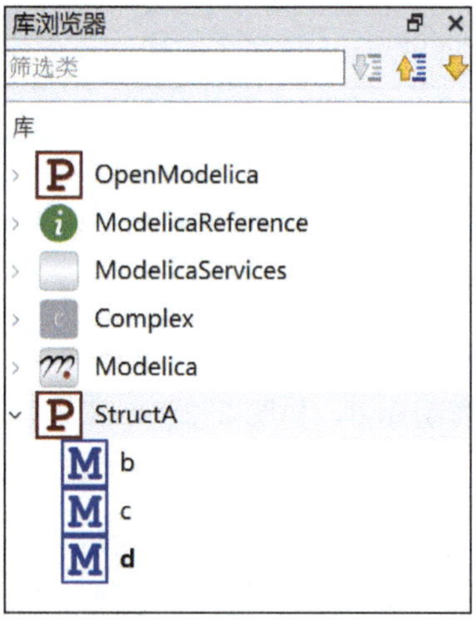

图 3.25　新建的子模型库 d

您可能已经注意到在模型保存的操作中出现的对话框（如图 3.23 所示）中还有“扩展”“部分”“封装”和“状态”。那么，这四者之间在保存的过程中有什么不同呢？其实，图形化操作最终都会反映到代码部分。扩展对应关键字 extends；“部分”对应关键字 partial；封装对应关键字 encapsulated；状态对应关键字 annotation。这部分的详细内容可参考本书第 4 章。

我们在构建模型库时，不可避免地还会遇到需要将模型库卸载的情况。由于 Modelica 模型在编译器中是文档对象模型，因此，只需将顶层结点删除就可以彻底将模型库全部删除。以删除保存为结构化实体形式的模型库 StructA 为例，鼠标选中库浏览器中新建的模型库 StructA，单击鼠标右键选中卸载，如图 3.26 所示，则弹出相应的对话框，如图 3.27 所示，点击“yes”，则可以将模型库 StructA 全部删除。

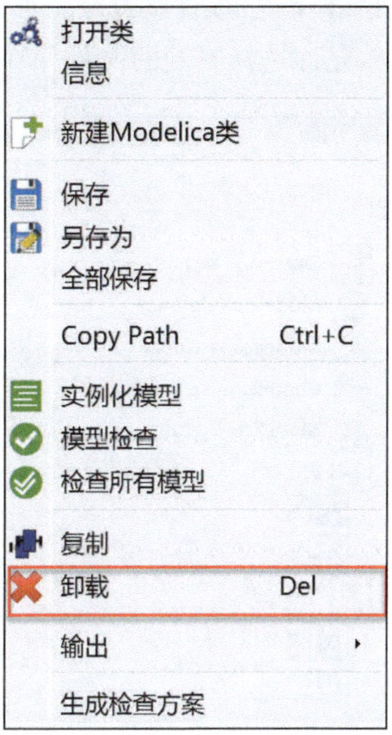

图 3.26　单击鼠标右键选择卸载

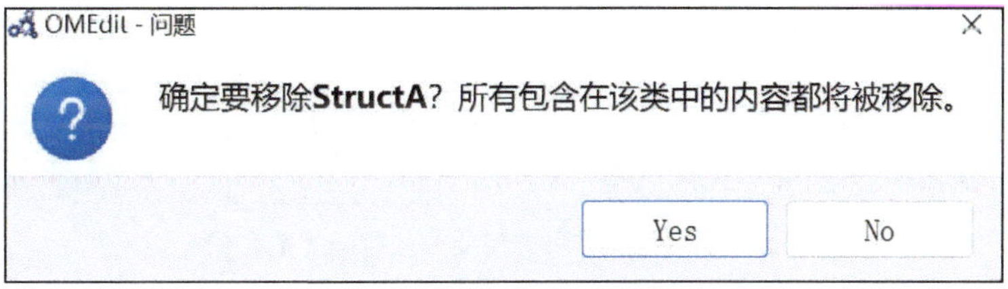

图 3.27　卸载模型库 StructA

3.2.5　模型库的修改

我们在构建模型库时，可能会遇到由于考虑不周，需要对已经建立的模型库进行修改的情况，如调整模型库的结构、修改模型库的名称或注释等，这时就会涉及模型库复制等操作。模型库的复制由于保存形式的不同，分为结构化实体复制到结构化实体、结构化实体复制到非结构化实体、非结构化实体复制到结构化实体和非结构化实体复制到非结构化实体 4 种情况。

(1) 结构化实体复制到结构化实体

假设已有构建好的以结构化实体形式保存的模型库 StructA 和模型库 StructB，如图 3.28 所示。现在，需要将模型库 StructA 复制到模型库 StructB，具体的操作步骤为，选中模型库 StructA，单击鼠标右键选择复制或另存为，出现相应的路径选择对话框，如图 3.29 所示。此时，点击浏览按钮，选择复制操作的目标模型库 StructB，如图 3.30 所示。此时，可以看到对话框中的路径为模型库 StructB，如图 3.31 所示。点击确定，则出现相应的对话框，允许选择不同的文件保存形式，如图 3.32 所示。

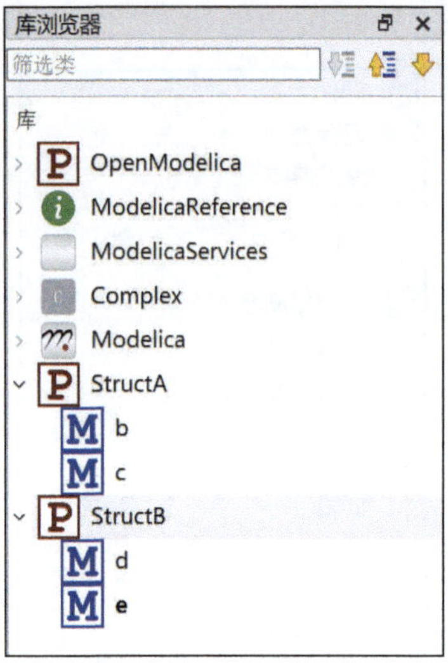

图 3.28　模型库 StructA 和模型库 StructB

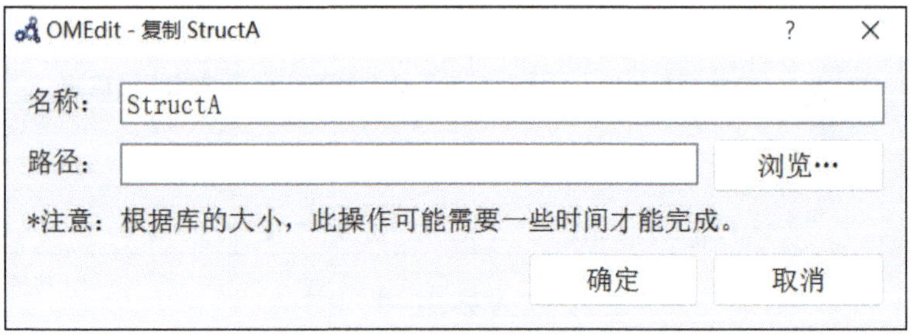

图 3.29　路径选择对话框

选择对话框中的“保存结构”，则将模型库 StructA 以结构化实体形式复制到模型库 StructB，如图 3.33 所示。这种情况下，文件夹目录结构的变化是，文件夹 StructB 下边多了文件夹 StructA 的所有内容，如图 3.34 所示。

选择图 3.32 对话框中的“一个文件”，则将模型库 StructA 以非结构化形式复制到模型库 StructB，如图 3.35 所示。在这种情况下，文件夹目录结构的变化是，文件夹 StructB 下多了 StructA. mo 文件，如图 3.36 所示。

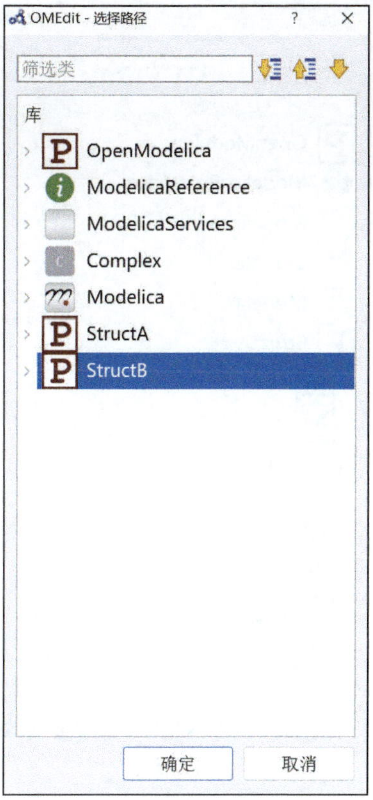

图 3.30　选择目标模型库 StructB

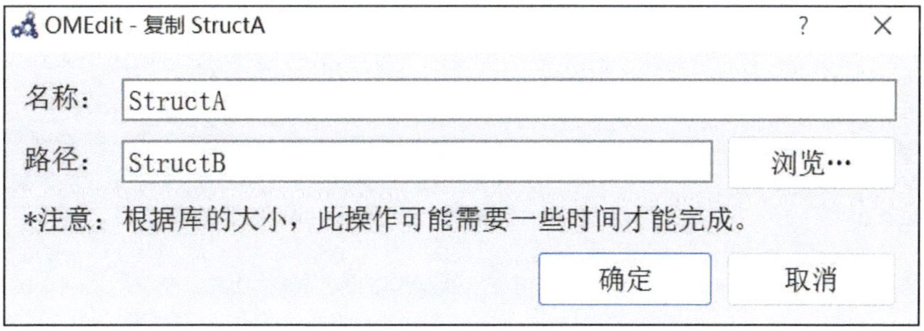

图 3.31　路径为模型库 StructB 的对话框

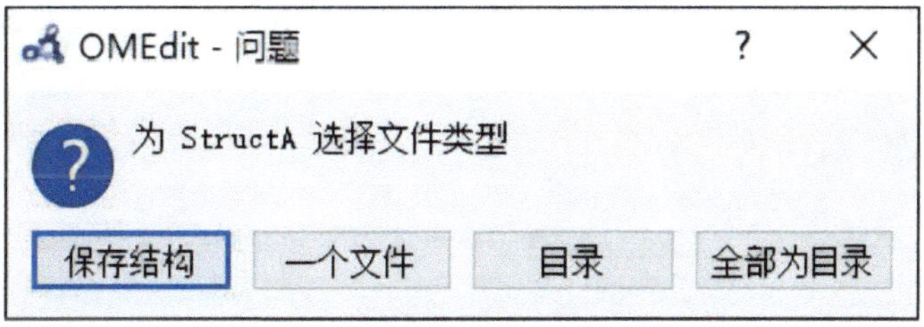

图 3.32　选择文件类型的对话框

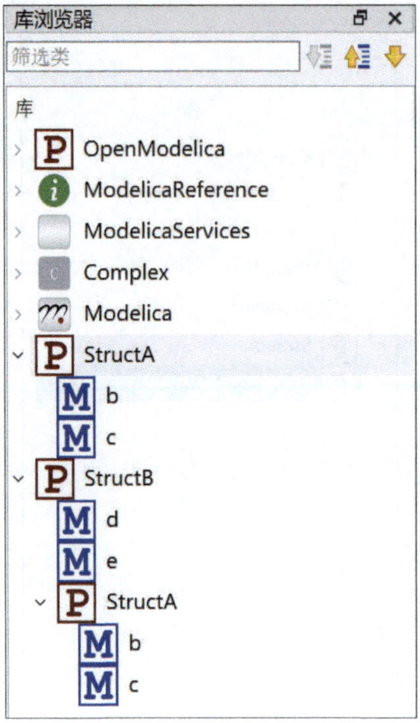

图 3.33　选择“保存结构”后的模型库 StructB

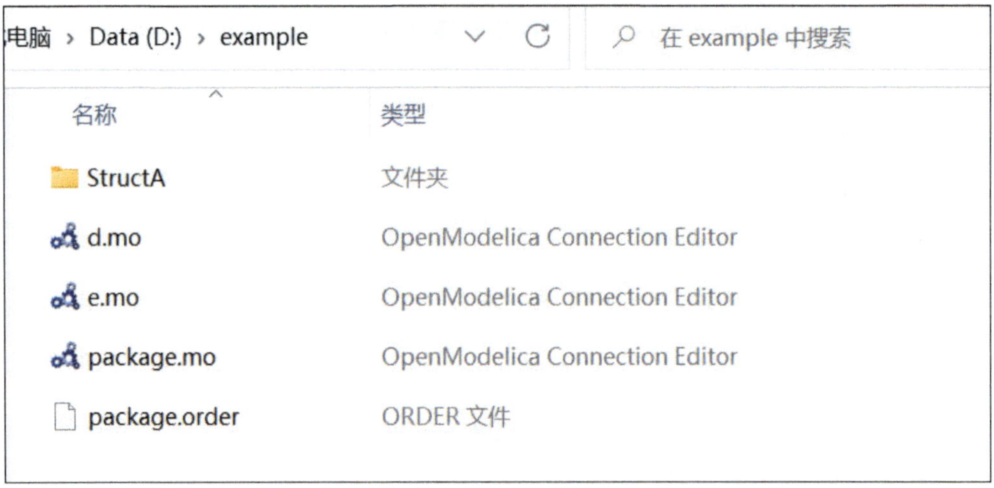

图 3.34　选择“保存结构”后的模型库 StructB 的文件夹目录结构

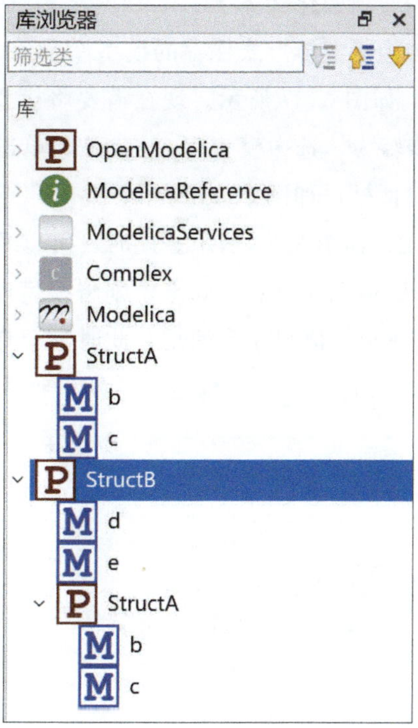

图 3.35　选择“一个文件”后的模型库 StructB

图 3.36　选择“一个文件”后的模型库 StructB 的文件夹目录结构

选择图 3.32 对话框中的“目录”，则将模型库 StructA 以结构化形式复制到模型库 StructB，保存结果与选择对话框中的“保存结构”的结果是一样的，如图 3.33 和图 3.34 所示。

选择图 3.32 对话框中的“全部为目录”和“目录”的区别在于，如果模型库 StructA 中有非结构化子模型库，选择“全部为目录”时，不会弹出是否将其保存为目录的提示对话框。

（2）结构化实体复制到非结构化实体

假设已有构建好的以结构化实体形式保存的模型库 StructA 和以非结构化实体形式保存的模型库 NonstructB，如图 3.37 所示。现在需要将模型库 StructA 复制到模型库 NonstructB，具体的操作步骤为，选中模型库 StructA，单击鼠标右键选择复制或另存为，出现相应的路径选择对话框，如图 3.38 所示。此时，点击浏览按钮，选择复制操作的目标模型库 NonstructB，如图 3.39 所示。此时，可以看到对话框中的路径为模型库 NonstructB，如图 3.40 所示。这时点击确定，则将模型库 StructA 成功复制到模型库 NonstructB，如图 3.41 所示。值得注意的是，此时不会弹出需要进一步选择的对话框，且模型库 NonstructB 的文件夹目录结构也不会发生改变，如图 3.42 所示。

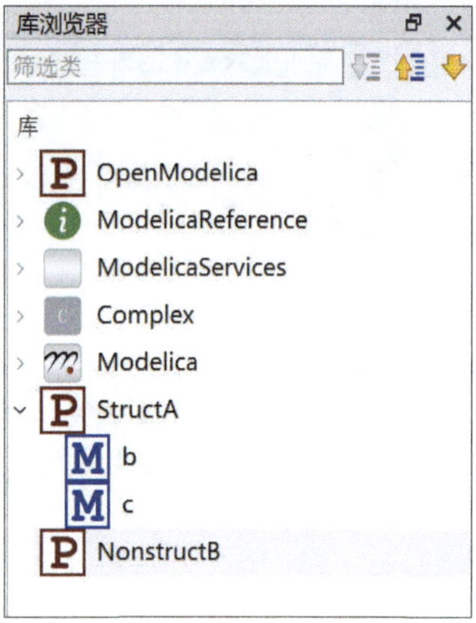

图 3.37　模型库 StructA 和模型库 NonstructB

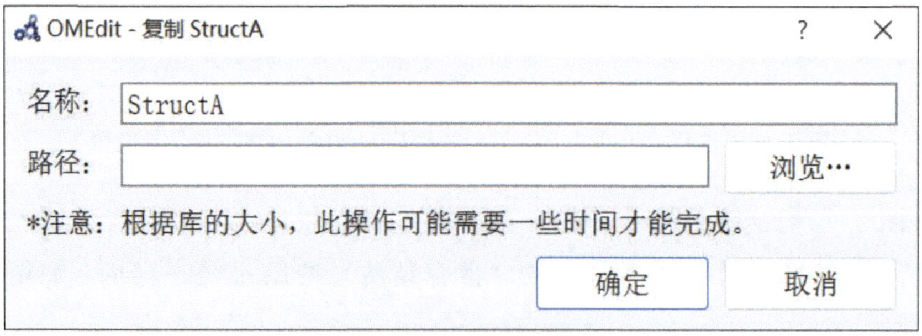

图 3.38　路径选择对话框

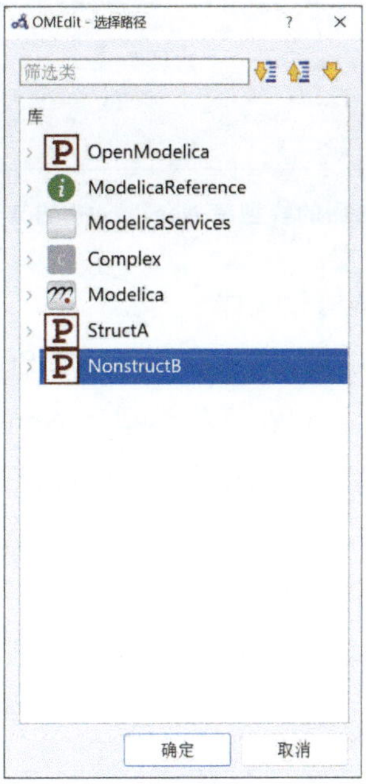

图 3.39　选择目标模型库 NonstructB

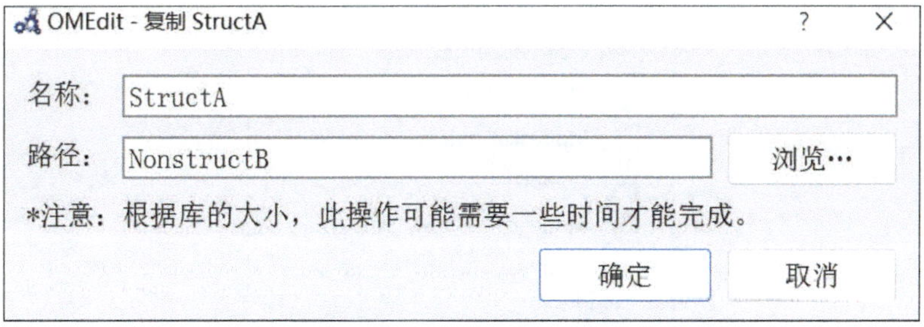

图 3.40　路径为模型库 NonstructB 的对话框

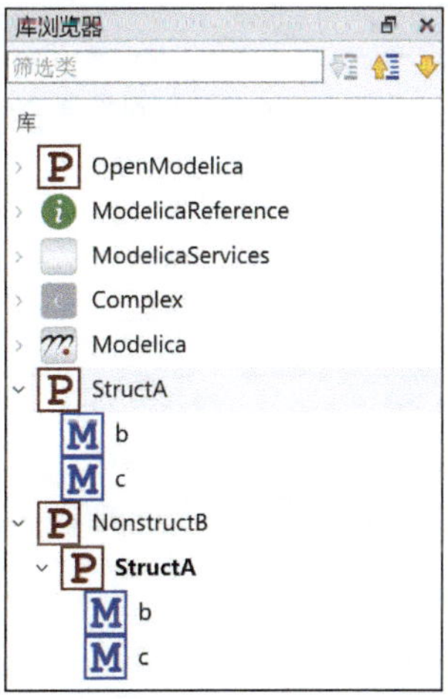

图 3.41　复制后的模型库 NonstructB

图 3.42　复制后的模型库 NonstructB 的文件夹目录结构

(3) 非结构化实体复制到结构化实体

假设已有构建好的结构化实体形式保存的模型库 StructA 和非结构化实体形式保存的 NonstructB，如图 3.43 所示。现在要将模型库 NonstructB 复制到模型库 StructA，具体的操作步骤为，选中模型库 NonstructB，单击鼠标右键选择复制或另存为，出现相应的路径选择对话框，如图 3.44 所示。此时，点击浏览选项，选择复制操作的目标模型库 StructA，如图 3.45 所示。此时，可以看到对话框中的路径为模型库 StructA，如图 3.46 所示。这时点击确定，则出现相应的对话框，允许选择不同的文件保存形式，如图 3.47 所示。

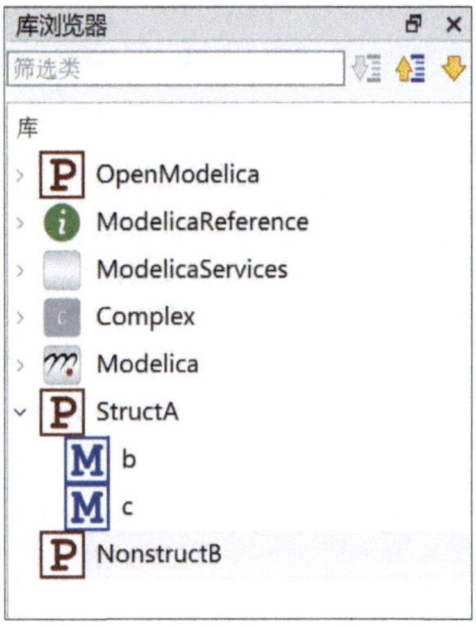

图 3.43　模型库 StructA 和模型库 NonstructB

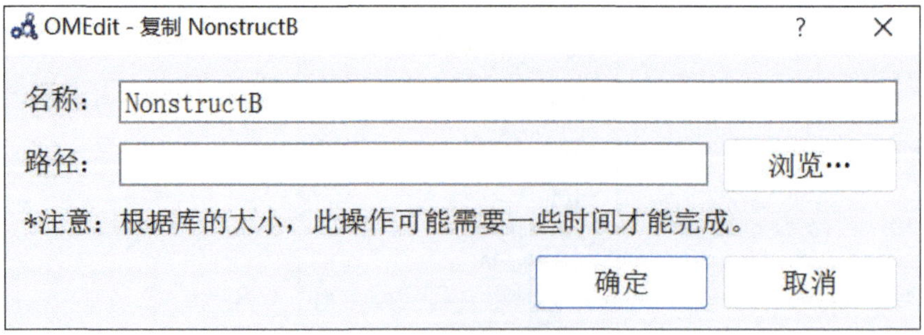

图 3.44　路径选择对话框

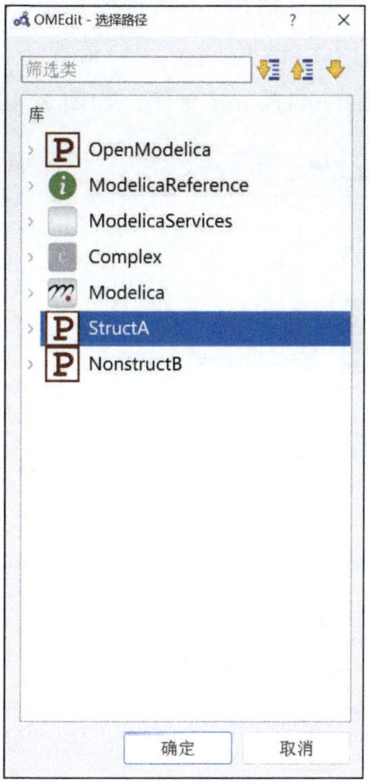

图 3.45　选择目标模型库 StructA

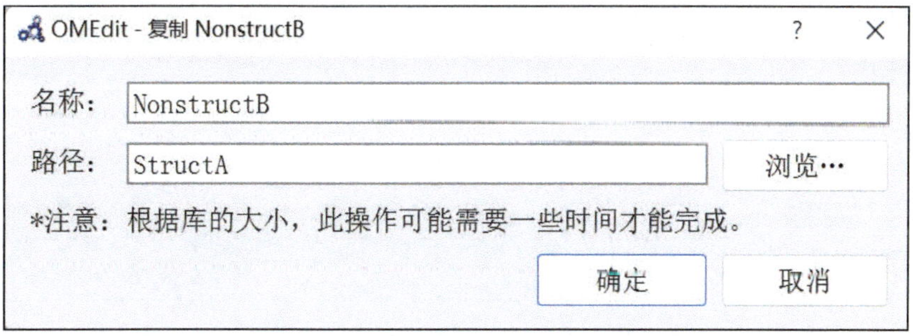

图 3.46　路径为模型库 StructA 的对话框

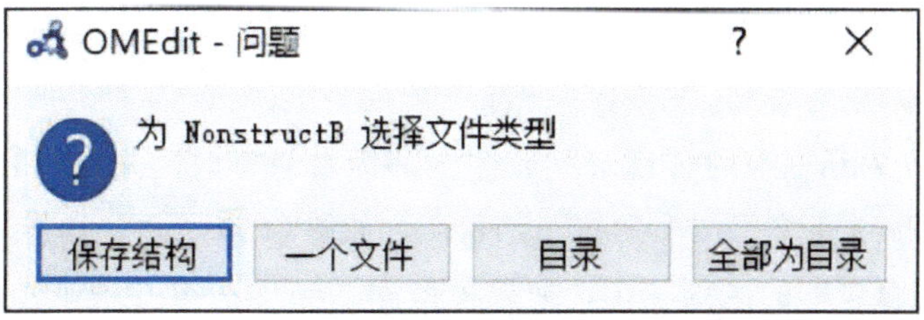

图 3.47　选择文件类型的对话框

选择图 3.47 对话框中的“保存结构”，则将模型库 NonstructB 以非结构化实体形式复制到模型库 StructA，如图 3.48 所示。这种情况下，文件夹目录结构的变化是，文件夹 StructA 下面多了 NonstructB. mo 文件，如图 3.49 所示。

图 3.48　选择“保存结构”后的模型库 StructA

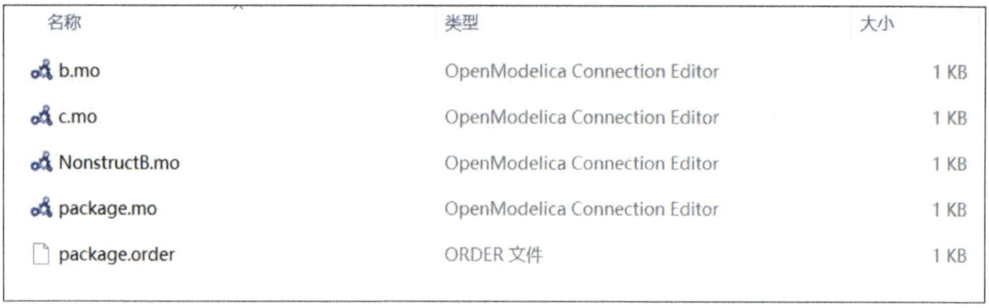

名称	类型	大小
b.mo	OpenModelica Connection Editor	1 KB
c.mo	OpenModelica Connection Editor	1 KB
NonstructB.mo	OpenModelica Connection Editor	1 KB
package.mo	OpenModelica Connection Editor	1 KB
package.order	ORDER 文件	1 KB

图 3.49　选择“保存结构”后的模型库 structA 的文件夹目录结构

选择图 3.47 对话框中的“一个文件”则将模型库 NonstructB 以非结构化形式复制到模型库 StructA，保存结果与选择对话框中的“保存结构”的结果是一样的，如图 3.48 和图 3.49 所示。

选择图 3.47 对话框中的“目录”或“全部为目录”时，文件夹目录结构的变化是，文件夹 StructA 下多了文件夹 NonstructB，如图 3.50 所示。选择对话框中的“目录”或“全部为目录”的区别在于，如果模型库 NonstructB 中有非结构化子模型库，则选择“目录”时会弹出是否将其保存为目录的提示对话框。

图 3.50　选择“目录”后的模型库 structA 的文件夹目录结构

(4) 非结构化实体复制到非结构化实体

假设已有构建好的非结构化实体形式保存的模型库 NonstructA 和 NonstructB，如图 3.51 所示。现在需要将模型库 NonstructA 复制到模型库 NonstructB，具体的操作步骤为，选中模型库 NonstructA，单击鼠标右键选择复制或另存为，出现相应的路径选择对话框，如图 3.52 所示。此时，点击浏览按钮，选择复制操作的目标模型库 NonstructB，如图 3.53 所示。此时，可以看到对话框中的路径为模型库 NonstructB，如图 3.54 所示。这时点击确定，则将模型库 NonstructA 复制到模型库 NonstructB，如图 3.55 所示。文件夹目录结构也不会发生改变。

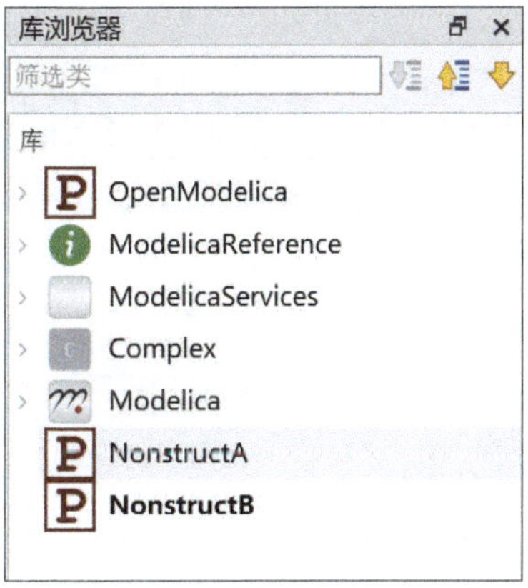

图 3.51　模型库 NonstructA 和 NonstructB

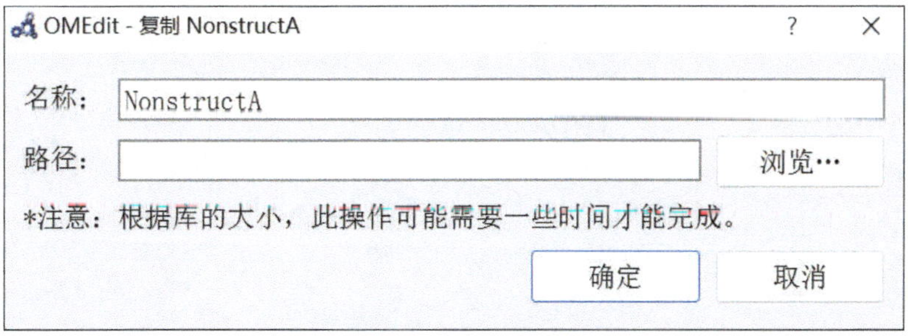

图 3.52　路径选择对话框

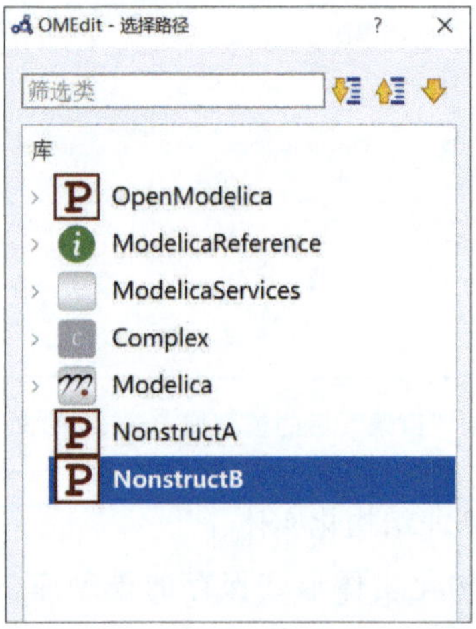

图 3.53　选择目标模型库 NonstructB

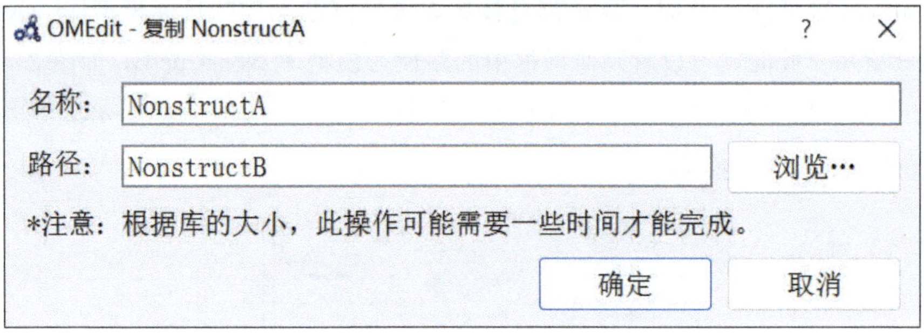

图 3.54　路径为模型库 NonstructB 的对话框

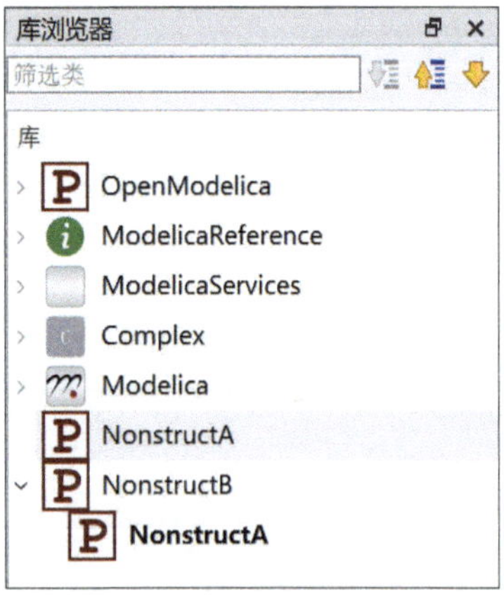

图 3.55　复制后的模型库 NonstructB

3.3　复杂实例图形化建模仿真

采用 OpenModelica 建模的物理系统仿真模型，无论是结构组成还是原理图，看上去与物理系统的原理非常一致，模型简洁、清晰。但是，对于相对复杂的系统构建，实际过程是按照层级式建模方法进行构建的。此外，在系统的建模仿真过程中还涉及模型测试、模型调试等内容。为了说明具体过程，下面将以直流电机驱动系统为例，加以阐述。

3.3.1　系统描述

直流伺服电机系统是一种通过调节器控制转速的电动机，如图 3.56 所示。直流伺服电机系统包括电机、负载、调整转速的控制模块和用于连接控制模块与系统的其他电路。

图 3.56　直流伺服电机

直流伺服电机系统主要依靠脉冲来定位，基本上可以这样理解，伺服电机接收到一个脉冲，就会旋转对 1 个脉冲对应的角度实现位移。因为伺服电机本身具备发出脉冲的功能，所以伺服电机每旋转一个角度，都会发出对应数量的脉冲，这样便与伺服电机接受的脉冲形成呼应，或者叫闭环。如此依赖，系统就知道了发送了多少脉冲给伺服电机，同时又收了多少脉冲回来，这样就能够精确地控制电机的转动，从而实现精确定位。

3.3.2　系统分解

我们将系统分解为主要的子系统及其相互之间的连接关系。简单直流伺服电机系统可以分解为控制器、电机和机械部件 3 个子系统。子系统之间的连接关系为控制器连接到电机，从而控制发动机的输入电流；电机连接到机械部件，实现将电能转化为机械能；机械部件连接到控制器，通过一个包含传感器的反馈回路使得控制器能够正常工作。直流伺服电机系统的子系统及连接关系如图 3.57 所示。

图 3.57　直流电机子系统及其连接关系

3.3.3 子系统建模

（1）电机模型

电机模型包括由信号控制的电压源、电阻、代表电机线圈的电感、将电能转换为旋转运动的电动力转换器、具有惯量的机械旋转负载和接地组件，如图 3.58 所示。

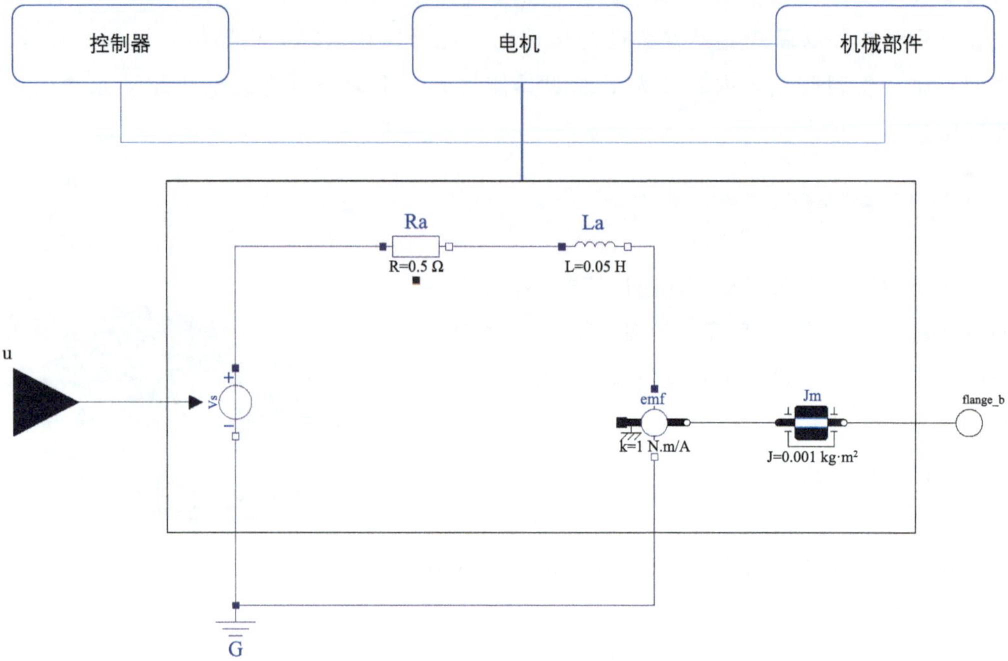

图 3.58 电机建模

电机模型中的组件都可以在 Modelica 标准库 MSL 中找到，因此，电机模型的构建过程和第 2 章的简单实例图形化建模步骤一样。

此外，由于在实际建模仿真过程中，有些子系统具有很强的通用性，会被反复使用。因此，为了提高建模效率，常将一些通用的子系统封装成标准组件，以供重复利用。本节将以电机子系统为例，介绍如何将子系统封装成标准组件的过程，包括接口定义、自定义图标、模型描述、模型测试和警告处理。

① 电机模型的构建

首先，利用 Modelica 标准库组件，采用拖拽方式，依次构建电机模型 Motor 中各个组件，包括电压源 Vs、接地组件 G、电阻 Ra、电感器 La、电动力转换器 emf 和负载 Jm，组件路径如表 3.1 所示。所有组件都拖拽完成后，将各个组件依次连接到一起，组成图 3.59 所示的模型。

表 3.1 电机模型的组件路径

组件名	组件所属模型	路径
Ra	Resistor	Modelica. Electrical. Analog. Basic. Resistor
La	Inductor	Modelica. Electrical. Analog. Basic. Inductor
G	Ground	Modelica. Electrical. Analog. Basic. Ground
emf	EMF	Modelica. Electrical. Analog. Basic. EMF
Vs	SignalVoltage	Modelica. Electrical. Analog. Sources. SignalVoltage
Jm	Inertia	Modelica. Mechanics. Rotational. Components. Inertia

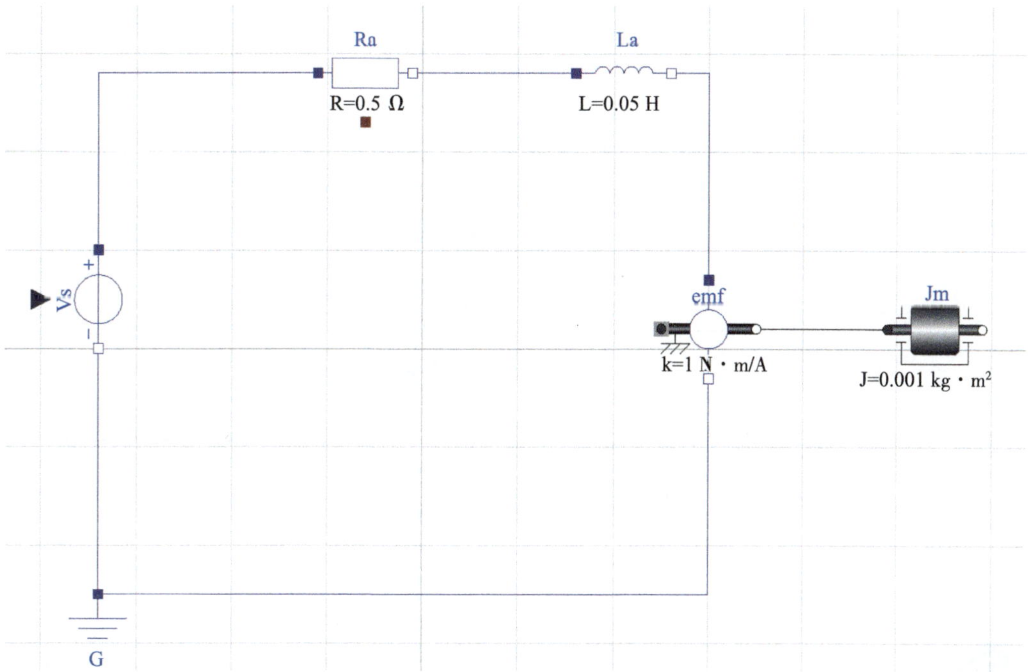

图 3.59 电机模型的组件及连接

完成电机模型组件添加和连接关系建立之后，设置各个组件的参数。设置电阻 $R=0.5\ \Omega$，电感 $L=0.05$ H，电动力转化器 emf 的转换系数 $k=1$ N · m/A、负载 Jm 的惯性参数 $J=0.001$ kg · m^2。

② 接口定义

电机模型 Motor 需要创建两个连接端口，用于电机与其他组件进行数据交换。创建的连接端口必须与相连的组件连接端口兼容。一种获得连接端口的简单方法，就是连接端口的复制。具体操作方法是将鼠标放在组件的端口处，如电压组件 Vs 的输入端口处，它会呈现一个“十”字光标，此时按住鼠标左键并往外拖，会绘制一条连线，然后松开鼠标左键，点击鼠标右键，会弹出连接器设置菜单，如图 3.60 所示，点击

Create Connector，连接端口就创建完成。我们建议将连接端口的图标放置在组件模型的图标视图的边框外。连接端口 flange _ b 以类似的方式复制 emf 的 flange 端口创建。最后，完成接口定义的电机组件模型如图 3.61 所示。

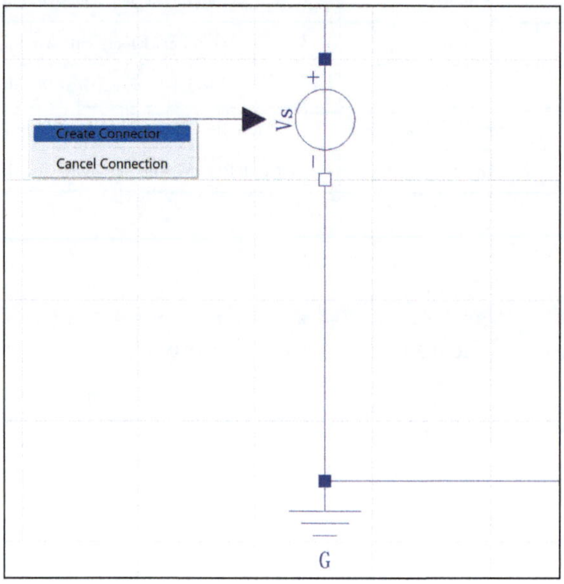

图 3.60　创建连接端口

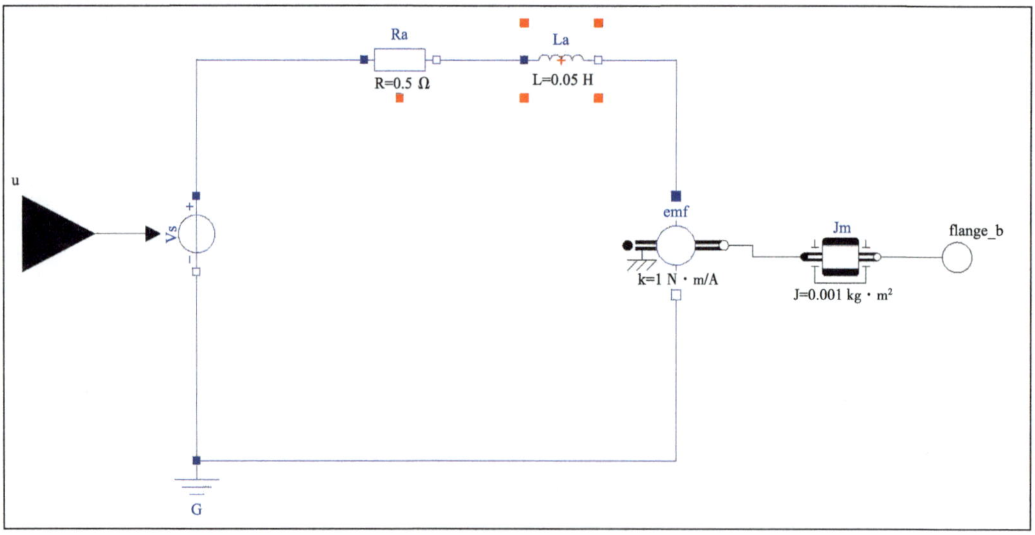

图 3.61　定义接口的电机组件模型

③ 自定义图标

我们需要使用工具栏中的绘图组件来绘制自定义图标，如图 3.62 所示。Motor 模型的自定义图标，如图 3.63 所示。

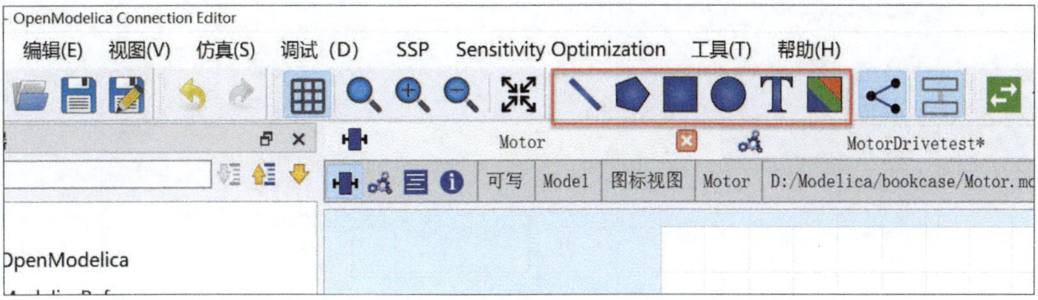

图 3.62　图标绘图工具栏

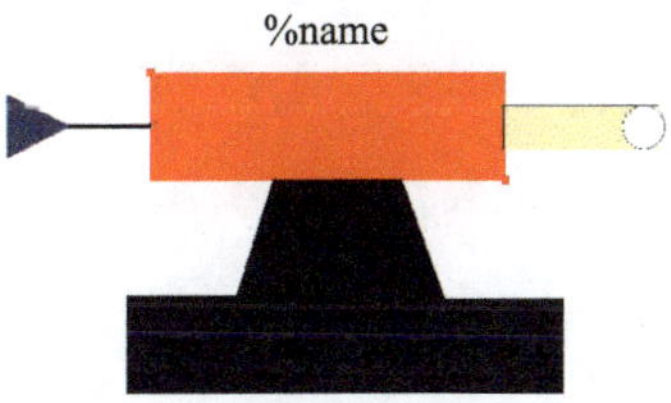

图 3.63　电机模型 Motor 图标

以绘制红色矩形为例，单击矩形按钮 ■ 并绘制一个长方形，选中并双击后弹出属性设置对话框，如图 3.64 所示。将线型和填充类型的颜色设置为红色，填充类型中的图案选择 FillPattern. Solid。采用类似的方法，绘制图标的其余部分。若要输入文本，请单击文本按钮 T 并点击鼠标左键后在弹出的属性设置窗口中修改文本内容为“%name”，单击确定，如图 3.65 所示。%name 表示当模型被拖拽建模时会自动生成默认的组件名，默认组件名跟模型名相同，且首字母小写。

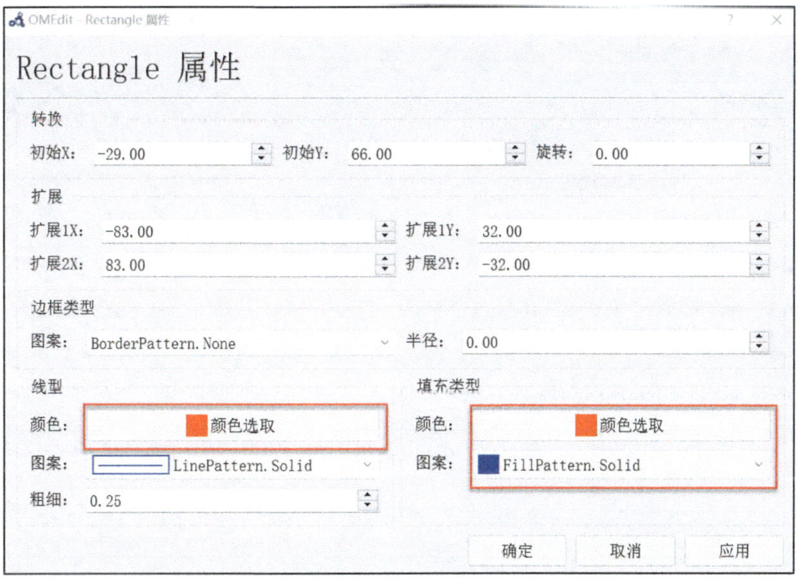

图 3.64　颜色属性设置对话框

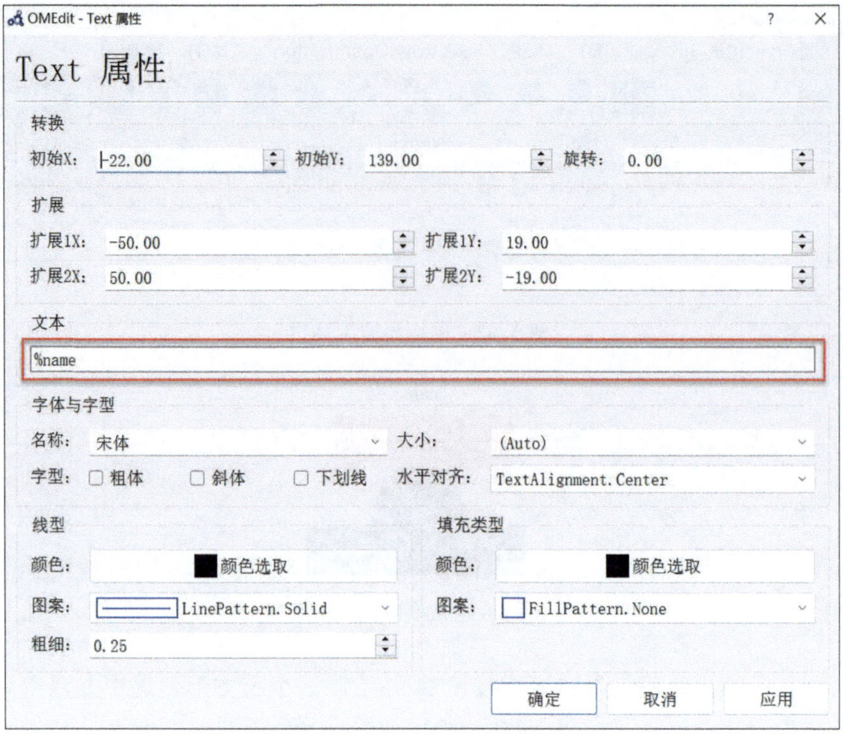

图 3.65　Text 属性设置对话框

④ 模型描述

对模型进行文档描述也很重要，有助于理解模型。在文档浏览器的工具栏选择编辑信息文档按钮，则可对模型的信息进行编辑，如图 3.66 所示。

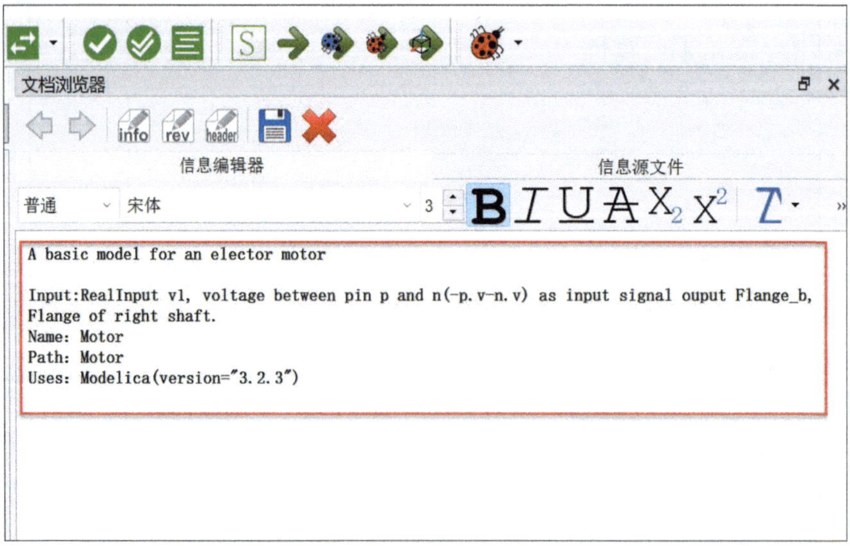

图 3.66　电机模型描述

⑤ 模型测试

首先，点击工具栏的模型检查按钮可以检查模型的语法、语义和结构是否有误。若检查结果正确，会得到如图 3.67 和图 3.68 所示的信息。由于 OpenModelica 版本或操作系统不同，可能会导致消息浏览器中的信息出现乱码，这时可以将对应的信息复制到记事本或其他文本浏览器中，则可以正常显示。

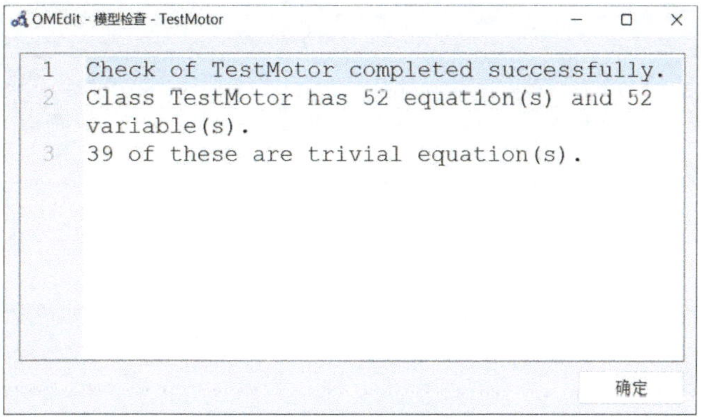

图 3.67　Motor 模型检查结果

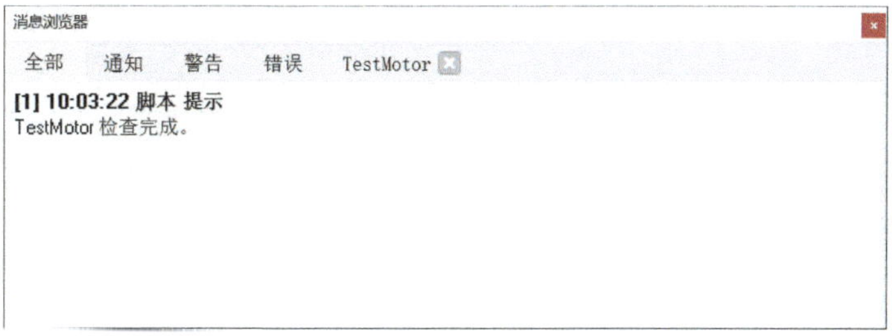

图 3.68　消息浏览器信息

接下来，对模型进行测试以确保正确性，这样可以避免后续繁琐的调试。把电机模型与电压源连接，测试模型的仿真结果是否正确。创建一个名为 TestMotor 的模型，将电机组件 Motor 从库浏览器中拖拽到 TestMotor 组件视图窗口。我们需要一个阶跃信号源作为输入，这里选择 Modelica. Blocks. Sources. Step，将其与电机模型连接，如图 3.69 所示。

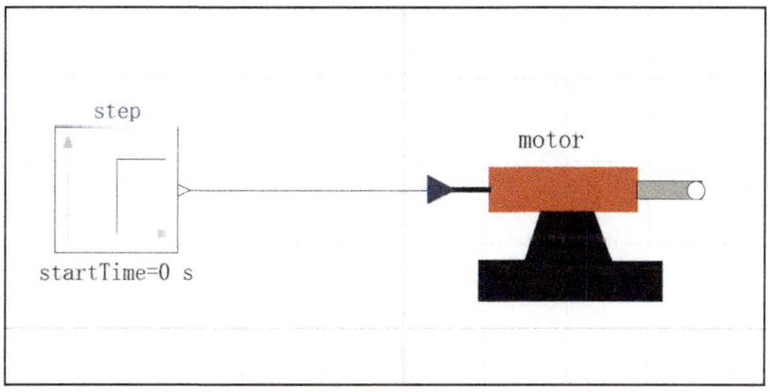

图 3.69　TestMotor 模型

仿真开始前先进行仿真配置设置，点击工具栏的仿真配置按钮 S，设置仿真时间、计算方法、仿真间隔时间等，如图 3.70 所示。需要注意的是，仿真配置对话框中的仿真选项默认是勾选的，此时，仿真配置结束后点击确定可以自动进行仿真。在仿真过程中，会出现一些警告，将在下一节中介绍如何消除警告。由于它们是警告，所以并不影响仿真。

图 3.70 TestMotor 模型仿真配置

为了检查仿真结果，我们可以查看电机模型的角位置结果，如图 3.71 所示。当输入信号为正时，电机角位置数值将增加。我们也可以查看电机的角速度变化曲线，如图 3.72 所示。角速度在刚开始会出现振荡，之后趋于稳定。要验证该模型还有很多工作要做，此处不展开描述。

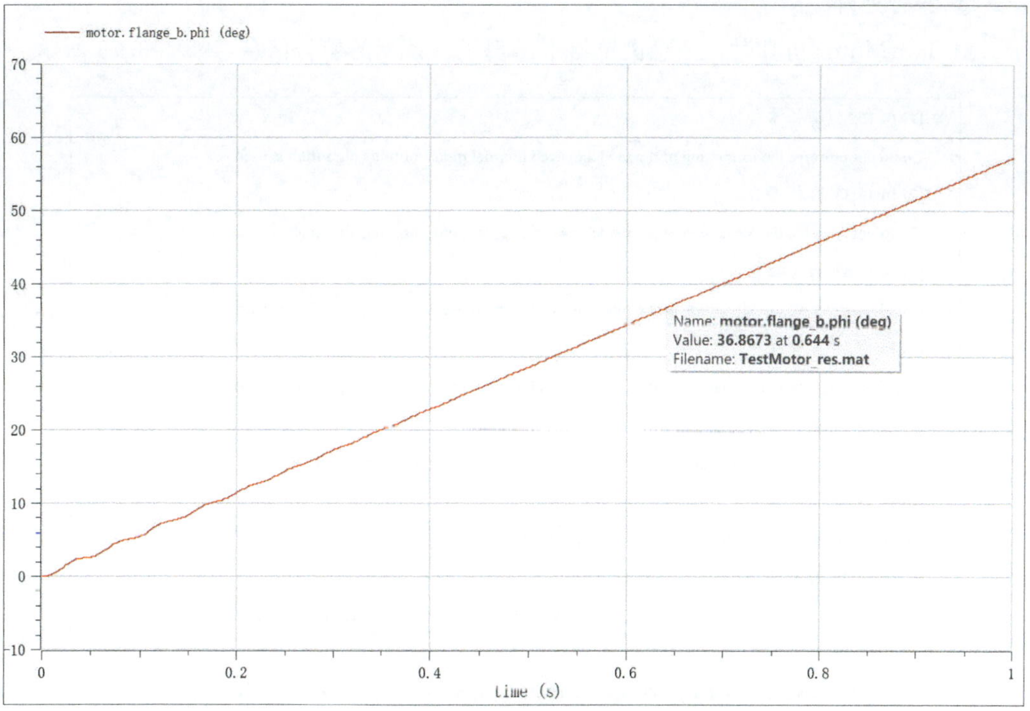

图 3.71　角位置的仿真结果

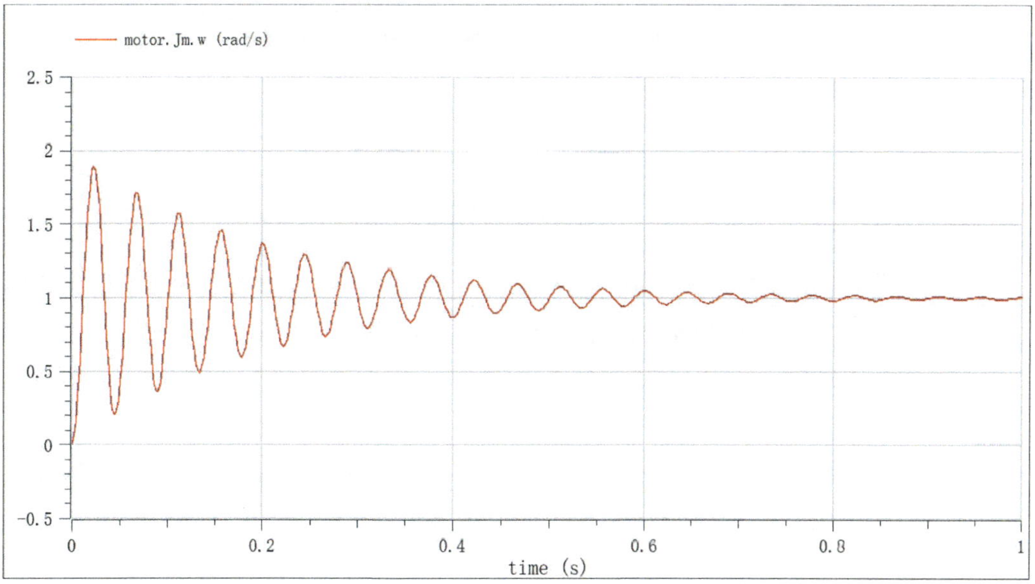

图 3.72　角速度的仿真结果

⑥ 警告处理

对 TestMotor 仿真时，消息浏览器中出现了一系列的警告信息，如图 3.73 所示。

[1] 14:16:25 脚本 警告

Could not preserve the formatting of the model instead internal pretty-printing algorithm is used.

[2] 14:16:35 脚本 警告

Could not preserve the formatting of the model instead internal pretty-printing algorithm is used.

[3] 14:16:47 脚本 警告

Could not preserve the formatting of the model instead internal pretty-printing algorithm is used.

[4] 14:17:27 脚本 警告

Could not preserve the formatting of the model instead internal pretty-printing algorithm is used.

[5] 14:18:18 脚本 警告

Could not preserve the formatting of the model instead internal pretty-printing algorithm is used.

[6] 14:18:21 脚本 警告

Could not preserve the formatting of the model instead internal pretty-printing algorithm is used.

[7] 14:18:25 脚本 警告

Could not preserve the formatting of the model instead internal pretty-printing algorithm is used.

[8] 14:19:41 脚本 警告

Could not preserve the formatting of the model instead internal pretty-printing algorithm is used.

[1] 14:21:00 翻译 警告

Assuming fixed start value for the following 3 variables:

motor.inertia.phi:VARIABLE(unit = "rad" fixed = true) "Absolute rotation angle of component" type: Real

motor.inertia.w:VARIABLE(unit = "rad/s" fixed = true) "Absolute angular velocity of component (= der(phi))" type: Real

motor.inductor.i:VARIABLE(start = 0.0 unit = "A" fixed = true) "Current flowing from pin p to pin n" type: Real

图 3.73 警告信息

这里的警告信息主要是初始条件没有完全指定，这类警告的处理方式是给相应的参数设定初值。图 3.73 中的警告信息都与电机 Motor 的组件有关。单击右下角的建模按钮 建模 切换到组件视图。对于警告信息“motor. inductor. i”，在 La 组件的参数设置对话框中勾选“i. starth”后，在弹出的菜单中选择“ture”，如图 3.74 所示。

对于警告信息“motor. inertia. phi”和“motor. inertia. w”，在 Jm 组件的参数设置对话框，勾选“phi. start”和“w. start”后，在弹出的菜单中选择“ture”，如图 3.75 所示。

如果只做这些更改，仍然会有警告信息。为了解决这个问题，需要在图 3.75 的对话框中将这两个参数的初始值设定为 0。此时，如果再次仿真的话，消息浏览器的警告信息将不再出现。

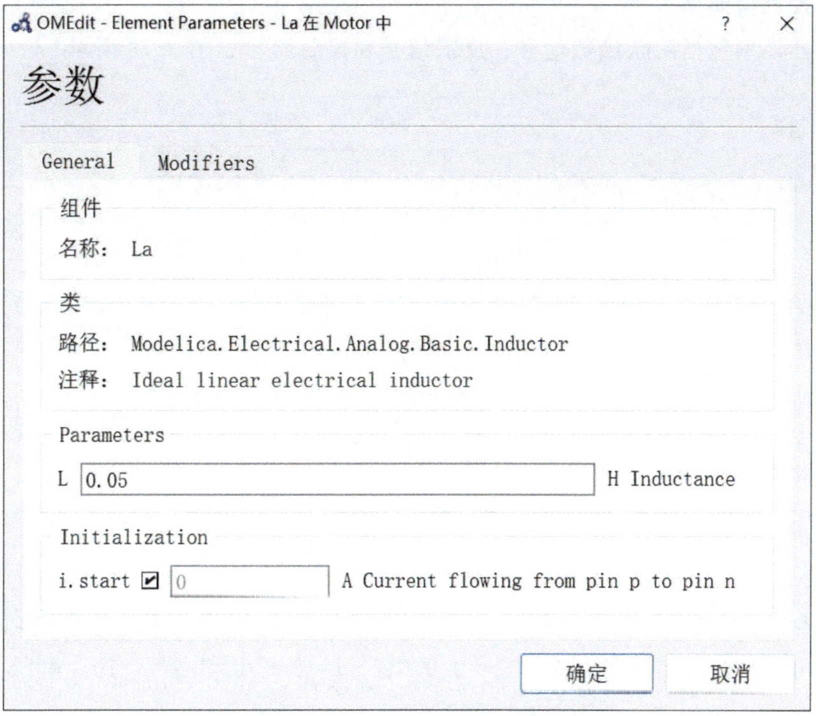

图 3.74　La 组件的参数设置对话框

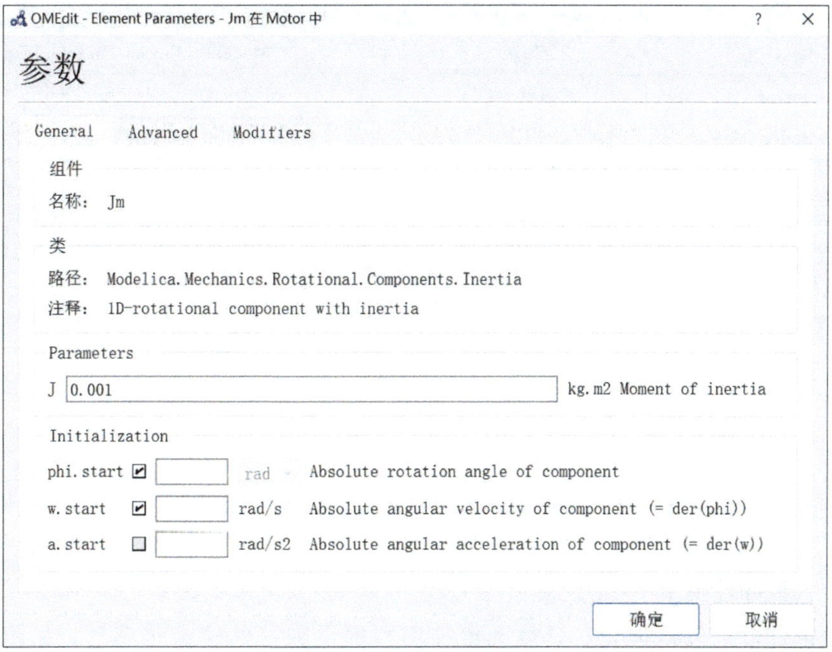

图 3.75　Jm 组件参数初始化

（2）控制器模型

控制器模型包括阶跃函数信号、反馈信号和控制器，如图 3.76 所示。

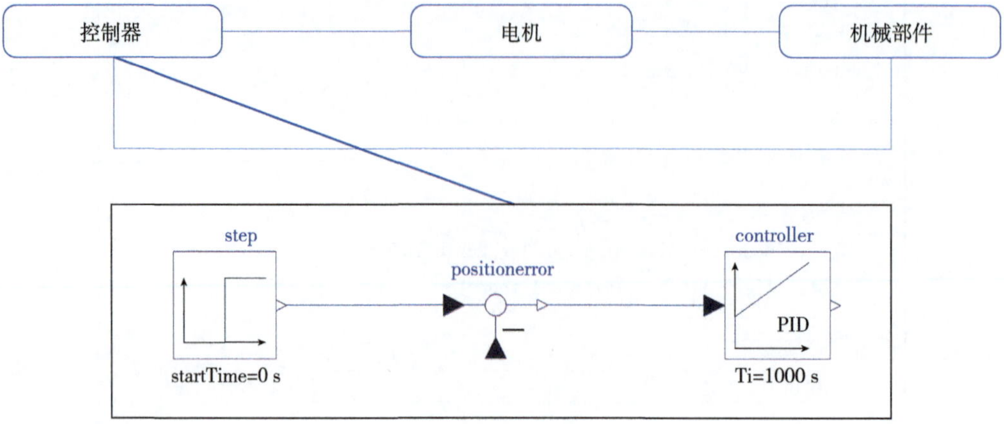

图 3.76　控制器建模

从 Modelica 标准库中按照表 3.2 的组件路径将各组件拖拽并依次连接到一起。设置控制器 cotroller 的参数 k＝2、Ti＝1 000、Td＝0.001 和 ND＝10，阶跃函数信号 step 的参数 height＝55，如图 3.77 所示。

表 3.2　控制器组件路径

组件名	组件所属模型	路径
step	Step	Modelica. Blocks. Sources. Step
positionerror	Feedback	Modelica. Blocks. Math. Feedback
controller	PID	Modelica. Blocks. Continuous. PID

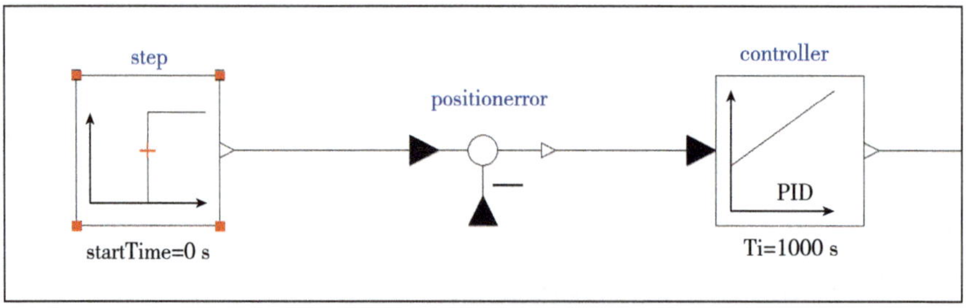

图 3.77　控制器模型

（3）机械部件模型

机械部件模型包括齿轮、负载和给控制器提供数据的转速传感器，如图 3.78 所示。从 Modelica 标准库中按照表 3.3 的组件路径将各组件拖拽并依次连接到一起。设置齿轮 idealGear 的参数 ratio＝ 3，负载 Load 的参数 J ＝10 kg·m^2，如图 3.79 所示。

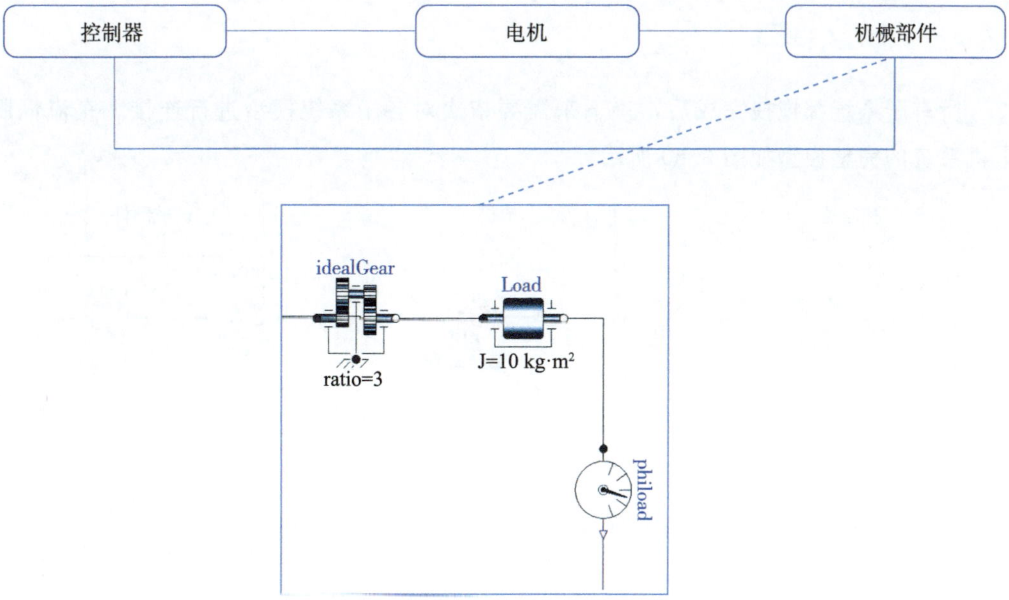

图 3.78　机械部件建模

表 3.3　机械部件组件路径

组件名	组件所属模型	路径
idealGear	IdealGear	Modelica. Mechanics. Rotational. Components. IdealGear
Load	Inertia	Modelica. Mechanics. Rotational. Components. Insertia
phiload	AngleSensor	Modelica. Mechanics. Rotational. Sensors. AngelSensor

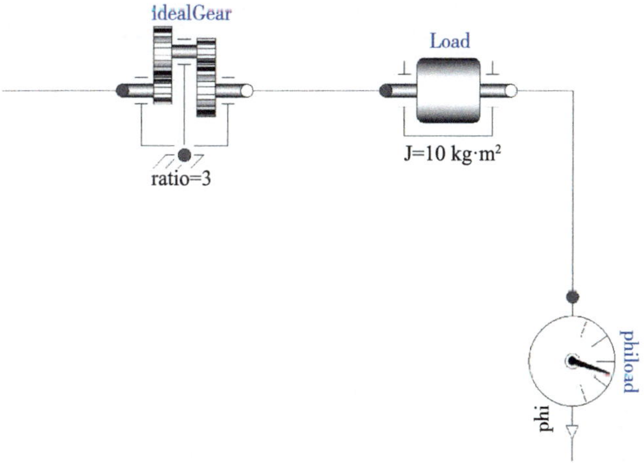

图 3.79　机械部件模型

3.3.4 建立连接

所有子系统都拖拽完成后，接下来需要依次对各子系统模型进行连接。直流伺服电机系统的完整模型如图 3.80 所示。

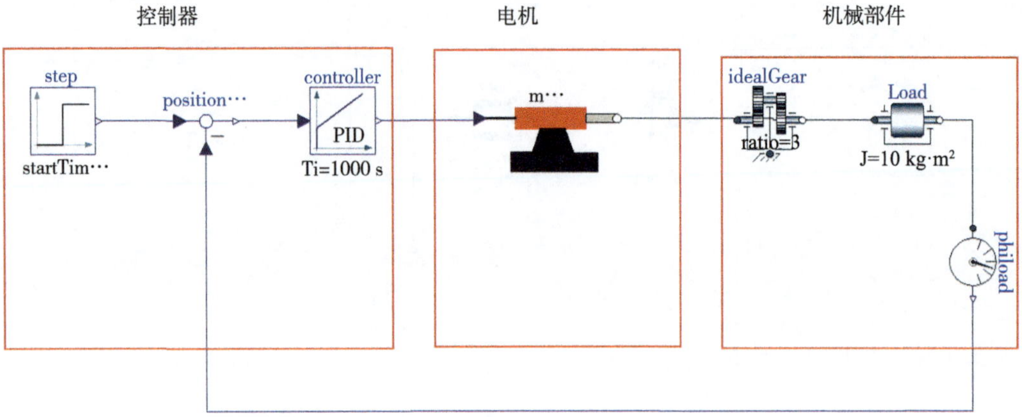

图 3.80 完整的直流伺服电机系统

3.3.5 仿真模型

在模型仿真前需进行仿真模型配置，如图 3.81 所示。仿真配置后，点击工具栏的仿真按钮➔对直流伺服电机模型 MotorDrive 进行仿真。

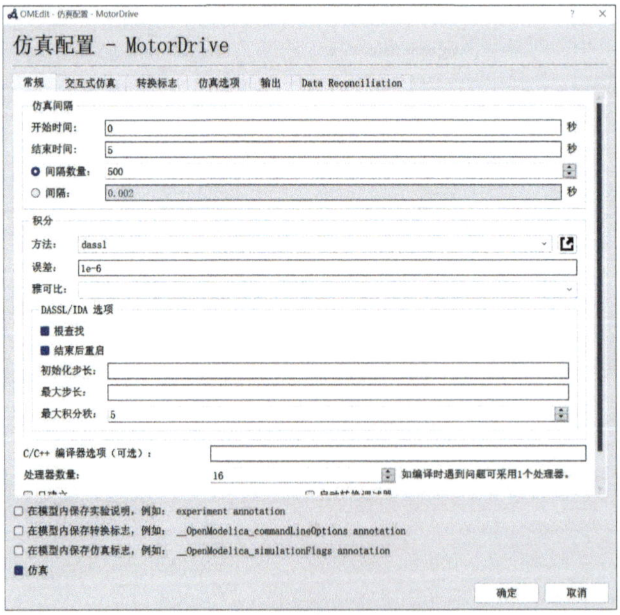

图 3.81 仿真配置对话框

图 3. 82 是 step. y 和 phiload. phi 的变化曲线。从图可以观察到，阶跃响应非常缓慢，电机的转速在 4 s 左右达到平衡。在实际应用中，为了缩减电机响应时间，常常在控制器和电机模型中间加入一个限制器，如 Modelica. Blocks. Nonliear. Limiter。有关缩减响应时间的方法不在本书中探讨，有兴趣的读者可以自行进一步研究。

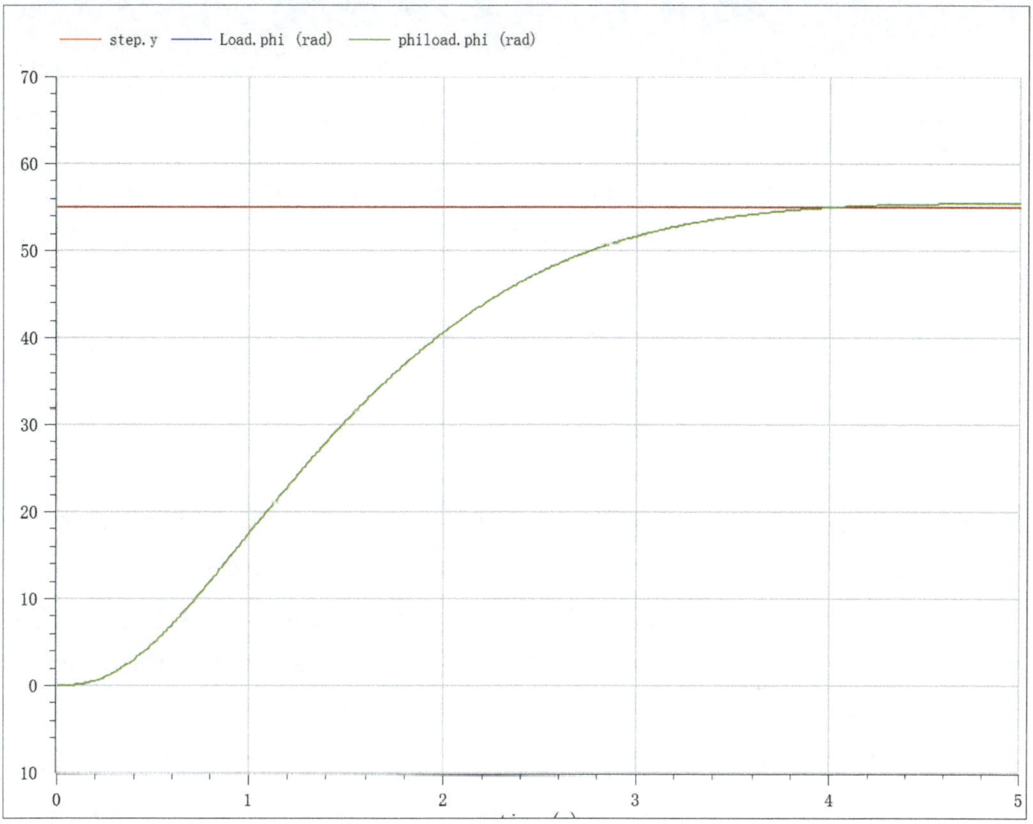

图 3. 82　模型仿真结果

第 4 章　文本建模

为了方便读者系统性地学习 Modelica 相关知识，本章会简述 Modelica 语言的发展历史，并结合示例，对 Modelica 基础语法进行详细介绍。更多关于 Modelica 语言的内容可以参考官网或相关书籍[1,7] 等。

4.1　Modelica 语言简介

Modelica 建模语言由瑞典非营利组织 Modelica 协会负责维护，采用建立数学方程的方式来描述物理关系，它是一种适用于大型异构系统的面向对象的建模语言。Modelica 包含了块图建模、非因果建模两种建模方式。块图通常使用在控制系统中，在这类系统中输入输出具有明确的数据流向；非因果建模采用基尔霍夫定律来描述系统和组件的性能和行为，非因果建模方式对系统的输入和输出没有明确的规定。Modelica 能够规范化地建立复杂系统，Modelica 具有多领域建模的能力，包括电路、传动系统、动力系统，动力学分析、液压系统，控制系统等，几乎涵盖了所有工程领域的建模，适用于结构复杂且性能要求高的仿真计算应用。Modelica 的 4 个主要特征包括：

（1）Modelica 主要是基于方程的语言，这也为 Modelica 的非因果建模提供了基础，提高了 Modelica 模型的重用性，并且使得 Modelica 十分适用于系统中有多数据流的场景，方程的求解过程由支持 Modelica 语言的工具提供。

（2）Modelica 具有多领域建模的能力，Modelica 具有包括了电气、机械、液压、热力、生物、控制等多领域模型库，不同领域的模型组件可以通过接口连接使用。

（3）Modelica 是面向对象的语言，提供了继承和泛型（类似于 C＋＋中的模板）等面向对象语言的特征，这些特征增强了 Modelica 的语言复用能力，使得系统更灵活，更容易扩展，而且成本较低。

（4）Modelica 具有组件化的建模能力，组件化建模可以实现较小软件的高层级聚合的建模方法，它提供了一种基于“黑匣子”的积木式来构造软件，因此，Modelica 是一种十分适合复杂物理系统和某些软件系统的架构建模语言。

Modelica 的上述特征使得它功能强大且简单易用。在模型的文本查看视图（图 1.18）可以编写源代码。需要注意的是，Modelica 标准库 MSL 中的代码是不能直接修改的，需要将代码复制后再修改。

4.2　Modelica 基础语法

4.2.1　基本数据类型

面向对象程序设计的本质是设计并扩展自己的数据类型。设计自己的数据类型就是让类型和数据匹配。如果能正确做到这一点，就会发现以后使用数据时会容易很多。在创建自己的数据类型之前，必须了解 Modelica 语言的基本数据类型，Modelica 语言有 5 种基本数据类型，如表 4.1 所示。

表 4.1　基本数据类型及说明

类型名	说明	示例
Real	浮点型	Real x=0.3；
Integer	整型	Integer y=2；
Boolean	布尔型	Boolean b=true；
String	字符型	String str=“HelloWorld”；
enumeration	枚举型	type Enumnum=enumeration（one，two，three）；

4.2.2　变量、参数和常量

Modelica 语言中涉及变量、参数和常量 3 个基本概念。接下来分别对变量、参数和常量的使用方法进行介绍。

变量表示模型属性，通常代表某个物理量，其在仿真过程中随时间发生变化。变量记录求解过程中每个时间步的值，默认使用“.MAT”仿真结果文件记录，也可以导出为“CSV”格式。

参数在仿真过程中的值保持不变。模型参数是“parameter”修饰的变量，可以在仿真之前进行设置。参数的值可以在仿真之前通过界面设置（可参考本书第 2 章）或者在代码中赋值，举例如下：

```
parameter Real t=1;
```

常量使用“constant”作为前缀进行修饰。常量与参数不同的是，常量不能被模型的使用者修改，如 t 在定义时被赋值 100，后续使用者将不能修改 t 的值，举例如下：

```
constant Real t=100;
```

仿真过程中需要对变量进行初始化。变量初始化的目的是为模型中出现的所有变量设定相容的初始值，在初值系统中缺少约束条件时选作初始值补充或在非连续系统求解时，用作迭代起始值，变量有 3 种初始化方式。

第一种，在定义变量时使用“=”进行初始化，举例如下：

```
model example
  Real x=10;
equation
end example;
```

第二种，使用“start”类属性进行初始化，举例如下：

```
model example
  Real x (start=10);
equation
end example;
```

第三种，使用初始化方程“initial equation”进行初始化，举例如下：

```
model example
  Real x;
equation
initial equation
  x=10;
end example;
```

如果变量没有指定初始值，除了默认初始值为“undefined”的函数返回值和局部变量外，所有数值变量的默认初始值都为 0，布尔型变量的默认初始值为 false。需要注意的是，“start”属性可以与“fixed”属性搭配使用。“fixed=false”表示初始值可以被静态分析器改变，而“fixed=true”表示初始值不能被改变，举例如下：

```
model example
  Real x (start=11, fixed=true);
equation
  x=3;
end example;
```

仿真结果如图 4.1 所示。上述示例失败的原因在于，“fixed = true”时，通过“start”设置的初始值与“equation”中的方程求解结果发生冲突而出错。

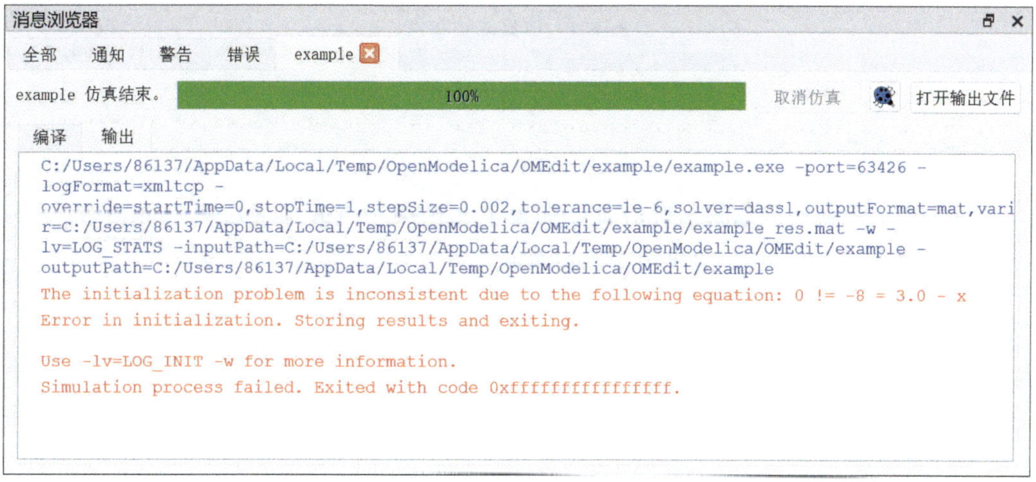

图 4.1 fixed 设置仿真失败案例

举例如下：

```
model example
  Real x (start =11);
equation
  x=3;
end example;
```

仿真结果如图 4.2 所示。上述成功的示例中，没有设置“fixed”的值，求解器可以改变其默认初始值与方程求解值匹配，所以可以正常编译执行。

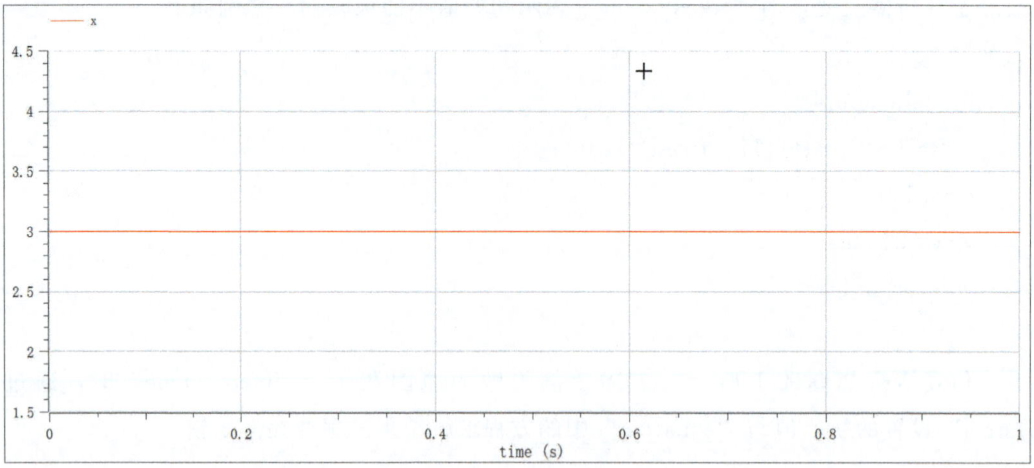

图 4.2 仿真成功案例

4.2.3 特化类

Modelica 是面向对象的建模语言，基本单元是类，与其他面向对象的语言一样，Modelica 语言也包含 class 关键字。举例如下：

```
class HelloWorld
  Real x;
equation
  x=sin (time);
end HelloWorld;
```

与其他语言不同的是，Modelica 语言对用到的类进行了功能的限制与扩展，使其在阅读及代码维护上具有了更多优势。Modelica 语言的特化类有 model、package、record 和 function 等，特化类的类型和作用如表 4.2 所示。

表 4.2 特化类的类型和作用

类型	作用	增强	限制
model	定义组件模型，与 class 完全相同	—	—
package	模型组织与管理	可以使用 import 导入 package 的元素	只能包含类的声明和定义常量
block	兼容框图形式的因果建模	—	block 中的连接器组件必须有前缀 input、output

续表

类型	作用	增强	限制
type	预定义类型的扩展，类似于 C 语言中的 typedef	对预定义类型进行扩展	—
record	创建数据集	隐含了 record 构造函数	只允许有 public 部分，且不能在连接/连接器中使用
operator record	运算符重载，与 record 类似	与 record 类似	与 record 类似
function	定义特定功能的函数	函数调用可以递归；形参或局部变量在声明时不允许用“=”，可以用“：=”赋缺省值；函数是在调用时动态实例化；函数可以使用一个外部函数接口说明符作为函数主体；函数在 algorithm 区可以有 return 语句；函数形参输入为数组变量时，可以用“[:]”声明可变维的长度	输入和输出形参必须用 input 和 output 作前缀。所有公有变量都是形参；在 function 内不能给输入参数赋值；不能用在连接/连接器中，不能有 equation 和 initial algorithm，最多只能有一个 algorithm 区；最多只能有一个外部函数接口；被其他模型调用时，必须有函数主体，而且不能被 partial 修饰；不能调用 der、initial、terminal、sample、pre、edge、change、reinit、delay、cardinality，不能调用内部 package Connections 中的操作符，不能包含 when-statement；函数中作为输出的数组或局部数组的维数不是用“[:]”定义时，其维数必须用输入形参、常量或 parameter 表达式来定义；函数中的局部变量不自动初始化为该类型隐含的缺省值
connector	定义组件连接器	允许 connect（…）用于连接器类型的组件	不允许有 equation
operator	定义运算符	—	只能包含函数声明，且仅能直接用于 operator record 中
operator function	定义仅具有一个功能的运算符	—	仅能直接用于 operator record 中

接下来对 Modelica 语言中常用的特化类进行介绍。

（1）model

定义组件模型，与 class 完全相同。model 中包含变量声明、方程等，只有 model 模型可用于仿真，语法格式为：

model 模型名
<常量>、<参数>、变量声明；
equation
方程；

```
<algorithm>
<算法>;
end 模型名;
```

举例如下：

```
model Example
  Real x;
  Real y;
algorithm
  y: =20;
equation
  x=2 * y;
end Example;
```

（2） package

package 用于模型的逻辑组织与管理。因此，package 的层次结构与模型的物理组织结构并不是一一对应的，具体内容可参考本书第 3 章，语法结构为：

```
package 包名
<子包>;
<常量>;
<模型>;
...
end 包名;
```

举例如下：

```
package packageName
  package subName
    model B
    end B;
  end subName;
    model A
```

```
    end A;
end packageName;
```

Modelica 语法不支持使用全限定名来定义 package。大多数情况下，在创建或使用 package 时都会涉及到 package 的导入。package 的导入分为限定导入、非限定导入、单一定义导入、多定义导入和重命名导入 5 种，接下来将对这 5 种导入方式进行详细介绍。

① 限定导入

语法结构：import packagename;

示例：import ComplexMath; //导入 ComplcxMath

② 非限定导入

语法结构：import packagename. * ;

示例："import Modelica. ComplexMath. * ;" //从 ComplexMath 导入所有的定义

这种导入方式导入 ComplexMath 后，可以使用 ComplexMath 中定义的函数和子模型库等的名称，但是容易导致名称冲突。因此，我们不推荐使用非限定导入方式，而推荐使用限定导入方式。

③ 单一定义导入

语法结构：import packagename. definitionname;

示例：import ComplexMath. sin; // 从 ComplexMath 中导入 sin 函数

这种导入方式支持从 package 中导入单个定义，使用时可以直接使用 sin 函数。

④ 多定义导入

语法结构：import packagename. {def1, def2, def3, … };

示例：import Modelica. ComplexMath. { sin, cos}; //导入 ComplexMath 中的 sin 和 cos 函数

这种导入方式支持从 package 中导入多个定义，语法结构中导入的定义可以是常量或特化类。

⑤ 重命名导入

语法结构：import shortname＝packageName;

示例：import SI = Modelica. SIunits;

这种导入方式不仅可以防止命名冲突，而且提高了代码的可阅读性。

（3） block

block 的作用是兼容基于框图的因果建模，这种情况下数据流方向总是明确的。在 block 中声明的变量必须使用前缀 input 或 output 定义，语法结构为：

```
block 框图名
  input 类型名 变量;
  output 类型名 变量;
  <parameter 类型名 参数>;
  <constant 类型名 常量>;
equation
…
end 框图名;
```

(4) type

type 可以定义类的别名，经常用于扩展预定义类型、记录或数组，类似于 C 语言中的 typedef。

示例：type Vol= Real（unit= “V”）;

type 是唯一可以将数组类型引入类名的方法。

示例：type position=Real [3];

(5) record

record 一般用于数据结构的封装，类似于 C 语言中的结构体，举例如下：

```
record Complex
  Real re;
  Real im;
end Complex;
```

record 中隐含了一个同名的构造函数，类似于：

```
function Complex
  input Real re;
  input Real im;
  output Real t;
algorithm
  t. re= re;
  t. im=im;
end Complex;
```

由于隐含了构造函数，我们在使用时通常写成 Complex t= Complex (1，1)。

(6) operator record

operator record 类似于 record，所不同的是可以对运算符重载，这使得类型的规则不同于一般的 record。举例如下：

```
operator record Complex
  Real re;
  Real im;
  encapsulated operator function '+'
    import Complex;
    input Complex c1;
    input Complex c2;
    output Complex result;
  algrorithm
    result= Complex (re=c1.re+c2.re, im= c2.im+c1.im);
  end '+';
end Complex;
```

4.2.4　方程

与传统的编程语言不同，Modelica 是基于方程的建模语言。所以 Modelica 语言与其他赋值型语言在变量声明和初始化方面存在差别，基于方程的建模语言在建模过程中不需要指定数据的方向及求解的顺序，这些都由支持 Modelica 语言的编译器进行语句顺序的调整，这使得 Modelica 有更高的灵活性，增强了模型的可重用性。

对多数建模人员而言，用方程的方式思考，这多少有些不同。Modelica 作了以下约定：

(1) 在传统的编程语言中使用的赋值语句，在 Modelica 中通常使用方程的方式表示；

(2) 模型中使用的连接器将根据基尔霍夫定律生成连接方程，具体可以参考第 5.1.4 节；

(3) 对于属性的赋值，如果修改的是非参数量，系统将生成变型方程，如 C1 c1 (x=5)，是对 c1 中的 x 建立方程：x=5。

方程对比赋值功能上具有更大的优势。以电阻的欧姆方程为例，电阻 R 乘以电流 i

等于电压 v，使用 Modelica 方程进行描述：

R * i=v；

上述方程如果使用赋值语句描述包含了 3 种含义，分别是通过电压和电阻计算电流，通过电阻和电流计算电压，通过电压和电流计算电阻。用以下赋值语句表达：

i：=v/R；

v：=R * i；

R：=v/i；

以电阻欧姆模型为例，示例代码如下：

```
model SimpleCircle
  Real v;
  parameter Real R=10;
  constant Real v=10;
equation
  v = R * i;
end SimpleCircle;
```

其中 v=R * i 描述了电阻 R、电压 v 和电流 i 三者之间的关系，就是一个简单方程。

根据方程生成的情况，Modelica 中的方程可以分成常规方程、声明方程、变型方程、初始化方程 4 类。

(1) 常规方程

常规方程包含简单方程（如 x=1）、if 方程、for 方程、connect 方程、when 方程、函数调用和组件引用。常规方程是在方程区定义，方程区的作用范围从关键字 equation 开始，直至出现下一个关键字（initial equation、algorithm）为止。

以 if 方程为例，简要介绍一下常规方程，if 方程的语法结构如下：

```
if <condition>then
  <equation>
elseif<condition>then
  <equation>
else
  <equation>
end if;
```

需要注意的是，“elseif”可以有 0 个或多个，else 至多出现一次。if 方程中每一个分支生成的方程数量须相同，否则这将与 Modelica 要求的变量数与方程数相等的要求矛盾。以方波模型为例介绍 if 方程，举例如下：

```
model  SquareWave
  Real T=sin（time）;
  Real Y;
equation
  if T>0 then
    Y=1;
  else
    Y=0;
  end if;
end SquareWave;
```

仿真结果如图 4.3 所示。

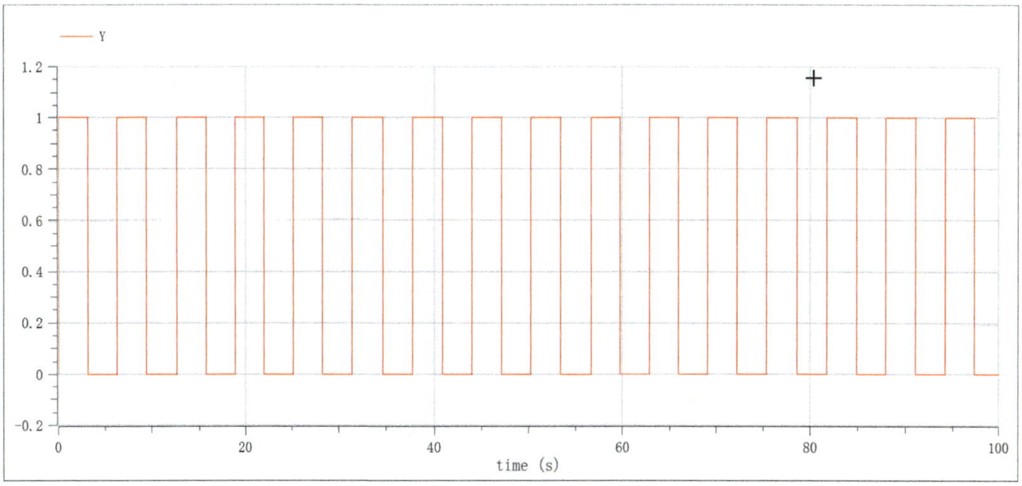

图 4.3　方波模型的仿真结果

(2) 声明方程

声明方程用作变量、参数和常量的声明。声明方程在声明区定义，举例如下：

```
parameter Real x =1;
constant Real x=1;
```

以上方程是对参数和常量的声明，方程中的 x 的值在仿真中是一直不变的。Modelica 语言的声明方程与其他编程语言在变量声明方面存在着很大区别。在其他编程语言中对变量进行声明时习惯写为“Real x=1;”，如果在 Modelica 语言中也写成“Real x=1;”，这里的变量 x 实际上等同于常量。因此，这种对变量的声明实际上没有什么意义，类似这些区别需要读者在日常运用中慢慢体会。

(3) 变型方程

变型方程通常在类属性修改中被使用。变型方程在声明区定义，用于修改或指定变量属性的默认值。下面将以两个常见的示例对变型方程的使用进行说明。

示例 1：

定义变量 v，并设置初始值为 100，单位为伏特：

```
Real v（start=100，unit= “V” ）;
```

示例 2：

使用 type 关键字，对 Real 类进行自定义电压类型：

```
type Volt=Real（unit= “V”，min=－380，max=380）;
```

(4) 初始化方程

初始化方程在初始化方程区域中定义，方程区的作用范围从关键字 initial equation 开始，直至出现下一个关键字（equation、algorithm）为止。具体可以参考第 5.1.2 节中变量的初始化。

4.2.5 连接器和连接

本书第 3 章介绍了自上而下的系统分解方法以及自下而上的系统构建方法。那么，如何应用上述方法构建复杂系统，我们需要先讨论如何将部件连接在一起，以及探讨如何创建可重用的组件模型。

我们看到的模型全部都是完整的，整个系统的所有行为均囊括在单个模型内，且通过方程代码来表示。截至目前，我们的讨论主要是关于对行为的建模，而我们看到的大多是由方程代码所组成的模型，如第 2 章中的 RLC 电路、水箱管道系统等组件模型仍将表示为 model 定义。但与迄今所见模型的不同点是，这些模型均带有连接器。

连接器是一种让模型与模型交换信息的方法，可用来实现组件与组件之间的数据交换。组件是 Modelica 类的实例，这些类通常具有良好的接口或端口，在 Modelica 语言中称为连接器。

在介绍连接器之前，我们有必要了解一下为什么要使用连接器以及其组成的数学基础。

连接可以有不同的分类，按数据流是否有明确的方向可分为非因果连接和因果连接，按不同专业可以分为电气连接、机械连接和流体连接等，也可以按是否有连接函数简单分为显式连接和隐式连接。本节将介绍常见的几种连接器及使用方法。

不同于 model 和 function 的定义，connector 中只能包含需要交换的数据，不能包含方程和算法，举例如下：

```
conncctor Pin
  Voltage v;
  flowCurrent  i;
end Pin;
```

上例 Pin 是一个可作为电子组件外部接口的连接器类，使用 flow 修饰的变量 i 为流变量，变量 v 则为势变量。

组件连接可以在两个等价类型的连接器之间建立。通过连接函数实现组件之间的连接，一般语法结构为：

```
connect（“连接器”,“连接器”）;
```

根据连接器的变量类型不同，通常会建立两种连接关系：

① 零和连接，连接处的流变量和为零；

② 相等连接，连接处的势变量相等。

连接方程可以实现连接器类之间的连接。以下示例中，模型 Circle 包含两个连接端点 a 和 b（如图 4.4 电阻连接图所示），R1 和 R2 是实例化对象，R1. a 与 R2. b 两个端点连接后将自动转化为如下连接方程：

```
R1. a. v=R2. b. v;
R1. a. i+R1. b. i=0;
model Circle
  R R1;
  R R2;
equation
  connect（R1. a，R2. b）;
end Circle;
```

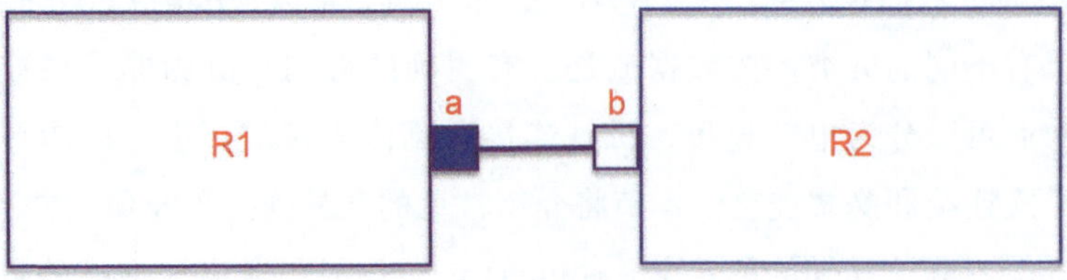

图 4.4 电阻连接图

(1) 非因果连接和因果连接

非因果连接中是不规定数据流向的。因果连接主要用于信号控制系统，使用 input/output 定义了数据流方向，如果信号是从组件外部传递进来，则需要使用 input 修饰变量，如果变量是从组件产生并传给其他外部组件则应使用 output 修饰变量。

(2) 隐式连接

非因果连接和因果连接都属于显式连接，连接可以通过连接方程或者在视图中使用对应的线条表示。但是，当构建的大型复杂模型包含很多显式连接时，使用隐式连接可以使这类问题变得相对简单。隐式连接通常是用在组件嵌套较深或者出现一个连接器与多个连接器相连接的情况下，提供值的变量使用 inner 修饰，引用外部值的变量使用 outer 修饰，对于一个 outer 修饰的变量需要提供与之对应的 inner 变量。隐式连接都是在实例层次进行连接的，outer 修饰的变量 a 会逐层向外查找 inner 修饰的同名变量。举例如下：

```
model A
  outer Real a;
end A;
model B
  outer Real a;
end B;
model createObj
  inner Real a=10;
  A obj1;
  B obj2;
end createObj;
```

使用隐式连接需要注意：①inner 组件应作为 outer 组件的子类型；②inner 元素允许被变型，outer 元素不允许被变型。

4.2.6　数组

数组是同种类型数据的集合。Modelica 语言包含标量、向量、矩阵及大于 2 维的数组。

(1) 数组声明

声明方式类似于 C 和 Java 语言，如表 4.3 所示。

表 4.3　数组声明

类似 Java	类似 C[a]	维度	名称	说明
C x;	C x;	0	标量	标量
C [n] x;	C x [n];	1	向量	长度为 n 的向量
C [E | B] x;	C x [E | B]	1	向量	下标定义为枚举或布尔型的向量
C [n, m] x;	C x [n, m];	2	矩阵	$n \times m$ 矩阵
C [n1, n2, …, nk] x;	C x [n1, n2, …, nk];	k	数组	k 维数组 ($k \geqslant 0$)

注：a) "C" 代表数据类型名。

(2) 数组赋值

数组使用 " {} " 进行赋值，数组长度使用 " [] " 定义。

示例：Real a [3] = { 4, 5, 6}; //a 是长度为 3 的向量

也可以使用已有变量进行定义，举例如下：

Real b [2, 3] = { {1, 2, 3}, {4, 5, 6} };

可以等价于：

Real b [2, 3] = { {1, 2, 3}, a}; //代表 2×3 矩阵

数组可以在赋值中使用 ":"，简化表示等差数列，语法结构为 "start: <step>: end"，起始值为 start，终值小于等于 end 值，步长为 step，如果步长 step 未定义，则默认步长为 1，举例如下：

Real a [5] =1: 1: 5; // {1, 2, 3, 4, 5} 或者可以写为 Real a [5] =1: 5;

在 Modelica 中还可以使用类似于 python 语言中的迭代器数组构造方式，语法结构为 {包含的表达式 for i in Array}。举例如下：

Real a [3] = {i * i for i in {1, 2, 3} }; // a 为 {1, 4, 9}

数组声明过程中 ":" 表示不定长度的数组，数组长度可通过数组赋值的长度推断出，举例如下：

Real a [:] = {1, 2, 3}; //数组长度为 3;

(3) 数组连接

Modelica 使用 "cat" 函数进行数组连接，语法结构为 cat (k, A, B)，表示沿维

数 k 连接数组 A 和 B，举例如下：

cat（1，{1，2，3}，{5}）；//连接后的数组为 {1，2，3，5}

cat（2，{ {1，2}，{3，4} }，{ {5}，{6} } ）；//连接后的数组为 { {1，2，5} {3，4，6} }

（4）数组索引与切片

数组使用“[]”结合下标的形式进行索引，下标最小值从 1 开始，上界是数组长度。语法结构为 ArrayName [index]，也可以使用“:”对某一行或者某一列访问，举例如下：

Real a [3，3] = { {1，2，3}，{4，5，6}，{7，8，9} }；

Real b=a [:，2]；//表示 a 的第 2 列向量，b= {2，5，8}

Real c=a [2，:]；//表示 a 的第 2 行向量，b= {4，5，6}

Real b [2] =a [1：2：3，3]；//第 3 列的奇数行，b= {3，9}

当我们需要遍历访问记录数组中的某一变量时，常规的做法是使用循环语句进行访问，在 Modelica 语言中可以使用区域切片来简化操作，举例如下：

```
record Person
  String name;
  Integer age;
  String [2] children;
end Person;

model PersonModel
  String [3] personsName;
  Person [3] persons= {
  Person（“Helen”，34，{“H”，“HH”}），
  Person（“Tom”，34，{“T1”，“T2”}），
  Person（“Jerry”，34，{“J3”，“J4”}）
  };
equation
  personsName =persons. name; //结果返回 {“Helen”，“Tom”，“Jerry”}
end PersonModel;
```

（5）数组运算

可以通过标准算术运算符（+、-、*、/、^等）来实现数组的运算。这些运算符

可被用于变量、向量、矩阵或元素是 Real 或 Integer 类型的多维数组。Modelica 语言还提供了许多针对数组表达式的内置函数，如表 4.4 所示。

表 4.4　部分内置函数

函数名	说明
transpose（A）	交换数组 A 的前两维的元素
zero（n1，n2，n3，…）	返回全 0 填充的 n1×n2×n3…整数数组
ones（n1，n2，n3，…）	返回全 1 填充的 n1×n2×n3×…整数数组
fill（s，n1，n2，n3，…）	返回全由标量表达式 s 表示的值填充的 n1×n2×n3×…的数组
min（A）	返回数组元素的最小值
max（A）	返回数组元素的最大值
sum（A）	返回数组所有元素的和

4.2.7　算法与函数

方程非常适合用于物理系统建模，但是有一些情况下使用算法进行计算更方便。算法是由一系列算法语句组成的计算过程。算法语句只能出现在算法区，算法区的作用范围以关键字 algorithm 开始，直至出现关键字 equation、public、protected、algorithm、initial 和 end 为止。算法区可以看作包含一个或多个变量的方程组，可以出现在方程区。在算法区中的语句都是顺序执行的。算法的一般语法结构如下：

```
algorithm
＜算法部分＞；
＜结束关键字＞；
```

Modelica 语言中为了区分算法与方程，在方程中使用“＝”，在算法中使用“：＝”对变量进行赋值，而且算法中可以对一个变量进行多次赋值，但是方程是不允许的。算法由一系列的语句组成，这些语句可以出现在模型算法区或者函数中，下面将介绍几种常见的语句。

（1） for 循环语句

for 循环语句一般语法结构为：

```
for iteration _ variable in range _ expression loop
＜语句＞；
end for；
```

iteration _ variable 表示在循环范围内的迭代变量，range _ expression 表示范围表达式。以求 1＋2＋3＋…＋100 的和为例，举例如下：

```
model Sum
  Real sum;
algorithm
  sum: =0;
  for i in 1 : 100 loop
    sum: =sum+i;
  end for;
end Sum;
```

（2） while 循环语句

while 循环语句一般语法结构为：

```
while condition loop
<语句>;
end while;
```

其中，condition 是指布尔类型的标量表达式。以求 1＋2＋3＋…＋100 的和为例，举例如下：

```
model sum
  Real i;
  Real sum;
algorithm
  i:=0;
  sum:=0;
  while i<101 loop
    sum:=sum+i;
    i:=i+1;
  end while;
end sum;
```

(3) if 语句

if 语句的一般语法结构如下：

```
if<condition>then
  <语句>;
elseif<condtion>then
  <语句>;
else
  <语句>;
end if;
```

其中，condition 是指布尔类型的标量表达式，elseif 是可选的，可以出现 0 次或多次，而 else 最多可以出现 1 次。举例如下：

```
model Grade
  Real i;
  Real y;
algorithm
  if i<60 then
    y:=" 不及格";
  elseif x<80 then
    y:= "良好";
  else
    y:= "优秀";
  end if;
end Grade;
```

(4) when 语句

when 语句的一般语法结构如下：

```
when<condition>then
<语句>;
elsewhen <condition>then
```

```
<语句>;
end when;
```

其中 elsewhen 可以 0 次或多次。

示例如下：

```
model WhenExample
  Real i=time;
  Real x;
algorithm
  when i>10 then
    x:=10;
  end when;
end WhenExample;
```

（5） break 语句

break 语句的作用是在满足条件的情况下跳出循环，只允许用在 for 和 while 循环语句中。举例如下：

```
for i in 1 : 10 loop
  if i>5 then
    break;
  end if;
end for;
```

（6） return 语句

return 语句用在函数中，作用是在函数任意位置返回。举例如下：

```
function sum
algorithm
  for i in 1 : 100 loop
    if i>20 then
      return;
```

```
    end if;
  end for;
end sum;
```

函数是用来实现特定的计算任务，使用关键字 function 定义的特化类。函数的主体是一个算法区，其中包含调用函数时要执行的过程算法代码，或者是一个外部函数说明符。形式参数使用 input 关键字指定，返回结果使用 output 关键字表示。常见的内置函数如表 4.5 所示。

表 4.5　内置函数

函数名	说明
abs（v）	返回绝对值
sign（v）	当 v>0 时，返回 1； 当 v<0 时，返回 −1； 其他情况等于 0
sqrt（v）	开根号
div（x，y）	整除
mod（x，y）	返回 x/y 的整数模
rem（x，y）	返回 x/y 的整数余数
ceil（x）	返回不小于 x 的最小整数
floor（x）	返回不大于 x 的最大整数
integer（x）	返回不大于 x 的最大整数
der（expr）	返回 expr 的时间导数，其中 expr 必须是可微的

function 的一般语法结构为：

```
function functionName
    input Type1 in1;
    input Type1 in2: =<默认值>;
    …
    output TypeO1 out1;
    output TypeO2 out2 : = <默认值>;
    …
protected
    <局部变量>
```

```
algorithm
    <语句>;
end functionName;
```

以两个实数求和为例，举例如下：

```
function functionName
    input Real x;
    input Real y;
    output Real sumxy;
algorithm
    sumxy:=x+y;
end functionName;
```

函数声明中的形参代表了函数调用时实参传递的相对顺序。函数中的局部变量使用 protected 进行修饰，input 修饰的形参绑定到实参后是只读的，即不能在函数体中重新赋值。函数的调用方式有位置法和参数命名法，举例如下：

```
func (3, 5); //位置法
func (a=3, b= 5); //参数命名法
```

返回多个参数时的语法结构为：

```
(var1, var2, …) =func (param1, param2, …);
```

由于函数可以递归调用，这使得求解事件发生的时刻非常复杂，所以，在语法规范上不允许在函数中调用函数：der ()、edge ()、change ()、sample ()、pre ()、initial ()、terminal ()、noEvent ()、smooth () 和 when ()。

4.2.8 继承

继承是面向对象编程语言的基本特征之一，可以使用继承对原有的类属性和行为进行扩展。Modelica 语言中使用“extends”实现对基类中的属性及方法进行扩展，语法结构为：

extends 基类 <类属性修改>;

举例如下：

```
model Number
    Real x;
    Real y;
equation
    x=1;
    y=1;
end Number;

model Sum
    extends Number;
    Real z;
equation
    z=x+y;
end Sum;
```

上例是数求和的简单示例，求和的子类 Sum 通过“extends”从基类 Number 中继承了属性 x 和 y 及方程 x=1 和 y=1。

基类的规范写法是使用“partial”进行修饰，而“partial”修饰的特化类往往是不完整的。因此，Modelica 语法规定不能直接对 partial 修饰的基类进行实例化，通常被继承使用。通过 Modelica 标准库 MSL 中的 Blocks. Math. Add 进行介绍，组件视图如图 4.5 所示。

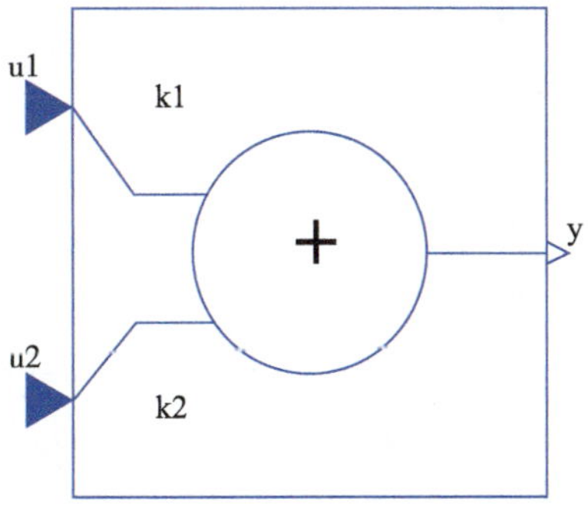

图 4.5 Blocks. Math. Add 的组件视图

```
partial block SI2SO//这是 partial 修饰的基类
```

```
    RealInput u1;
    RealInput u2;
    RealOutput y;
end SI2SO;

block Add
    extends Interfaces.SI2SO;
    parameter Real k1=+1;
    parameter Real k2=+1;
equation
    y = k1 * u1 + k2 * u2;
end Add;
```

上例中 SI2SO 中是 partial 修饰的基类，包含了输入 u1、u2 和输出 y。子类 Add 从基类 SI2SO 继承了所有属性，按照 $y=k_1\times u_1+k_2\times u_2$ 进行信号处理。

在建模中通常还会用到多重继承，多重继承要求在创建子类时使用多个 extends 语句来继承父类的所有内容。

4.3 RLC 电路的文本建模

本节将以第 2 章的 RLC 电路为例对文本建模方法进行介绍，RLC 电路的数学模型如下：

电源电压：$U=10$ V，电压为恒定直流电压；

电感模型的两点的电流为：$L\times \mathrm{d}i_L/\mathrm{d}t=U$；

电容电流：$i_c=C\times \mathrm{d}U_c/\mathrm{d}t$；

电阻：$R\times i=U$。

RLC 电路相对比较简单，但为了更好地理解与掌握复杂系统的文本建模方法，本节会按照复杂系统的建模思路进行详细讲解。根据 RLC 电路的物理拓扑结构，RLC 电路可以分为电阻 R、电感 L 和电容 C 三个组件以及相互之间的连接关系。在建模过程中，需按照自下而上的建模方法来构建系统。我们需要先分别构建电阻 R、电感 L 和电容 C 的组件模型以及相互之间的连接关系，然后再组建成 RLC 电路。本例中使用的电阻 R、电感 L 和电容 C 的组件模型在 MSL 中都是作为标准组件存在的。但为了更好地理解和掌握文本建模的过程和方法，本节中的所有组件模型都将重新构建。

4.3.1　创建新的模型库

参考第 2.1 中的图形化操作方法创建新的模型库，命名为“RLC _ Circle”，如图 4.6 所示。注意这里选择的是特化类 package。

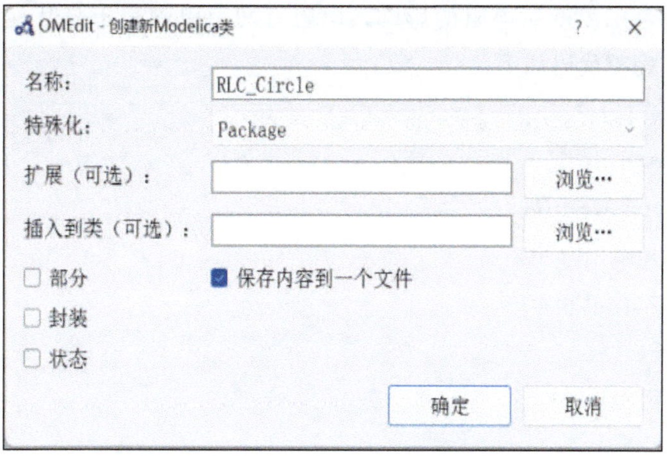

图 4.6　创建 RLC _ Circle 模型库

在 RLC 电路模型的构建中，所有的组件模型通过“RLC _ Circle” package 进行组织和管理。电阻、电感、电容和电源分别对应组件模型 Register、Inductor、Capacitor 和 SinSource，RLC 电路中接地模型对应组件模型 Ground。相互之间的连接关系对应组件模型 Pins。RLC 电路的实例化模型通过 Example 进行组织和管理。RLC _ Circle 模型库的逻辑组织结构如图 4.7 所示。

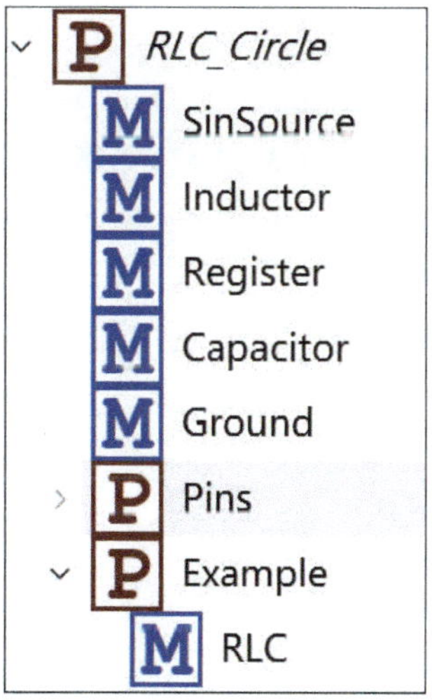

图 4.7　RLC _ Circle 模型库的逻辑组织结构

4.3.2 构建组件模型

现在分别对各组件构建相应的组件模型。

(1) 电阻

理想电阻不考虑温度对电阻的影响，电阻有两个引脚用于与其他电路元件连接，如图 4.8 所示。完整代码如下：

```
model Register
    parameter Real R;
    PinPackage.Pin P;
    PinPackage.Pin n;
protected
    Real v=p.v-n.v;
    Real i=p.i;
equation
    p.i+n.i=0;
    v=i*R;
end Register;
```

图 4.8　电阻示意图

(2) 电感

电感有两个引脚用于与其他电路元件连接，如图 4.9 所示。完整的代码如下：

```
model Inductor
    parameter Real L;
    PinPackage.Pin p;
    PinPackage.Pin n;
equation
    p.i+n.i=0;
```

```
    L * der (p.i) =p.v;
end Inductor;
```

图 4.9 电感示意图

(3) 电容

电容有两个引脚用于与其他电路元件连接，如图 4.10 所示。完整代码如下：

```
model Capacitor
    parameter Real c=1;
    PinPackage.Pin p;
    PinPackage.Pin n;
protected
    Real v=p.v-n.v;
equation
    p.i+n.i=0;
    c * der (v) =p.i;
end Capacitor;
```

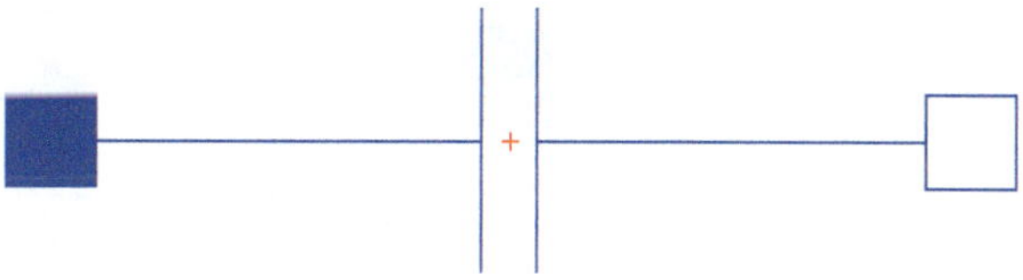

图 4.10 电容示意图

(4) 电源

电源有两个引脚用于与其他电路元件连接，如图 4.11 所示。完整代码如下：

```
model SinSource
    parameter Real V0=1;
    PinPackage.Pin p;
```

```
    PinPackage. Pin n;
equation
    p. v-n. v=V0;
    p. i+n. i=0;
end SinSource;
```

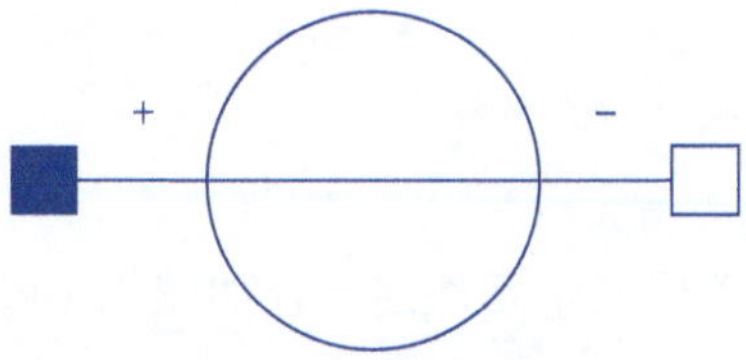

图 4.11　电源示意图

(5) 接地

接地是为电路提供一个电压为零的设备，有一个引脚，如图 4.12 所示。完整代码如下：

```
model Ground
    PinPackage. Pin p;
equation
    p. v=0;
end Ground;
```

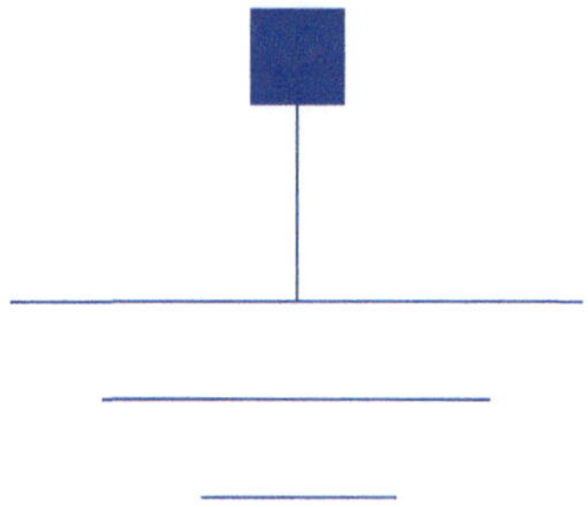

图 4.12　接地示意图

(6) 连接器

本节中的每一个组件都有引脚，即连接器，用于电气组件之间的电流和电压传递。完整代码为：

```
connector Pin
    Modelica. SIunits. Voltage v;
    flow Modelica. SIunits. Current i;
end Pin;
```

4.3.3 建立连接

第 4.2.1 节已经构建了各组件相应的组件模型，在使用代码对组件进行连接时，使用“connect”函数进行组件之间的连接。组件连接关系包含电感负极与电容正极和电阻正极连接；电源负极与电容负极和电阻负极连接；电源正极与电感正极连接；电源负极接地。组件连接如图 4.13 所示。

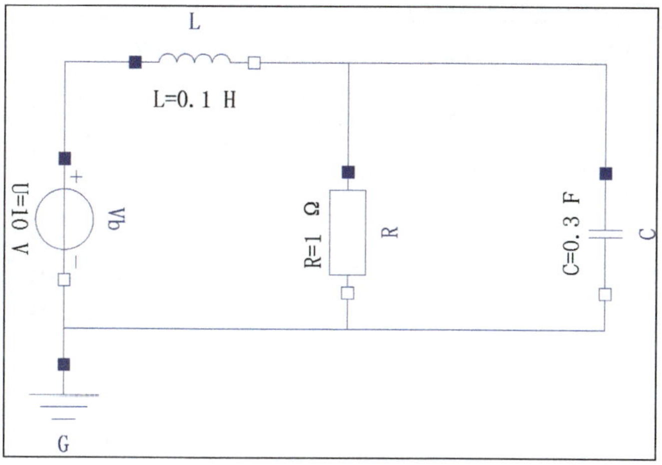

图 4.13　组件连接示意图

完整代码如下：

```
model RLC
    SinSource source (V0=10, zq=20);
    Inductor inductor (L=0.1);
    Register register (R=1);
    Capacitor capacitor (c=0.3);
    Ground ground;
equation
```

```
    connect (source. p, inductor. p);
    connect (inductor. n, capacitor. p);
    connect (inductor. n, register. p);
    connect (source. n, register. n);
    connect (source. n, capacitor. n);
    connect (source. n, ground. p);
end RLC;
```

4.3.4 仿真模型

Modelica 语言要求变量数与方程数相等。建立连接后点击进行模型检查，检查结果如图 4.14 所示。参数设置等操作参考第 2.1 节。

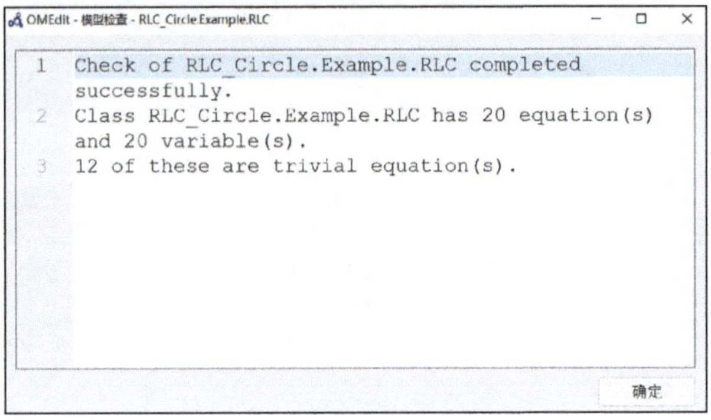

图 4.14 模型检查结果

第 5 章 OpenModelica 高级特性

5.1 FMI

FMI（Functional Mock-up Interface）是 Modelica 协会基于 Modelica 语言提出的功能样机可交换接口规范，是一个开源、完全独立、国际化认可度高且通用的第三方标准。现在已经有很多仿真工具支持 FMI 标准，如 Flowmaster、Adams、AMESim、Ansys 和 Catia 等，更多信息可参考官方地址 https：//www.fmi-standard.org。目前，FMI 标准由 Modelica 协会管理。FMI 标准的最新版本是 2.03，版本发展历史如表 5.1 所示。

表 5.1 FMI 版本

版本	日期	说明
1.0	2010 年 1 月 26 日	支持模型交换
1.0	2010 年 10 月 12 日	支持协同仿真
2.0	2014 年 7 月 25 日	支持模型交换和协同仿真
2.01	2019 年 10 月 2 日	FMI2.0 的错误修复和维护
2.02	2020 年 12 月 15 日	FMI2.0 的错误修复和维护
2.03	2021 年 11 月 15 日	FMI2.0 的错误修复和维护

根据 FMI 标准可以实现 Modelica 工具与非 Modelica 工具之间生成和交换模型。FMI 由可执行的功能样机单元 FMU（Functional Mock-up Unit）来实现。FMU 的概要图如图 5.1 所示[8]。外部仿真环境按照接口传递给 FMU 模型的数据信息，FMU 模型经过计算后提供给外部仿真环境的数据信息。

FMU 是一个后缀为 .fmu 的压缩文件。我们在使用 FMU 时，可直接修改后缀 .fmu 为 .zip，压缩文件打开后包含的内容如图 5.2 所示。该文件包含了 XML 格式的 FMI 描述文件、FMU 的 C 源码和额外的 FMU 数据。

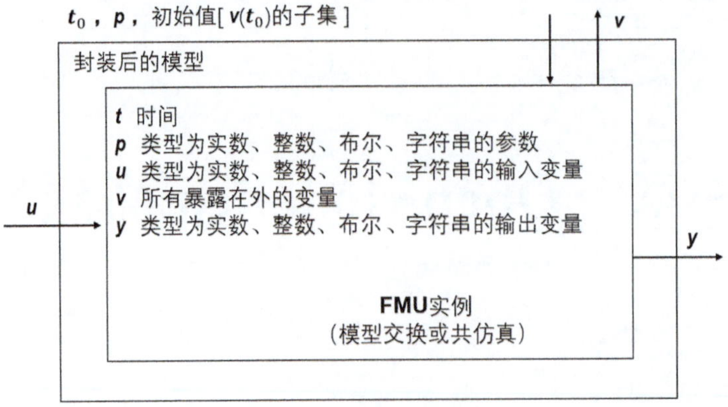

图 5.1　FMU 的概要图

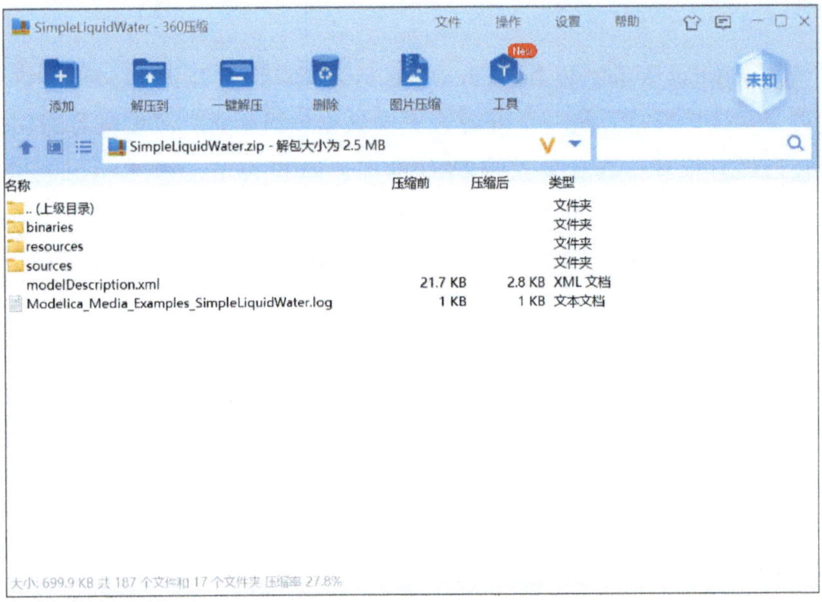

图 5.2　压缩文件的内容

FMI 标准包括模型交换和协同仿真两种。二者的区别在于是否包含求解器，依据 Model Exchange 方法导出的 FMU 文件不包含求解模型方程的求解器，而依据 Co-Simulation 方法导出的 FMU 文件包含求解模型方程的求解器。

5.1.1　FMU 的导入和导出

(1) FMU 的导入

点击菜单栏的文件→导入，则弹出导入 FMU 的对话框，如图 5.3 所示。在对话框中选择需要导入的 FMU 文件即可。

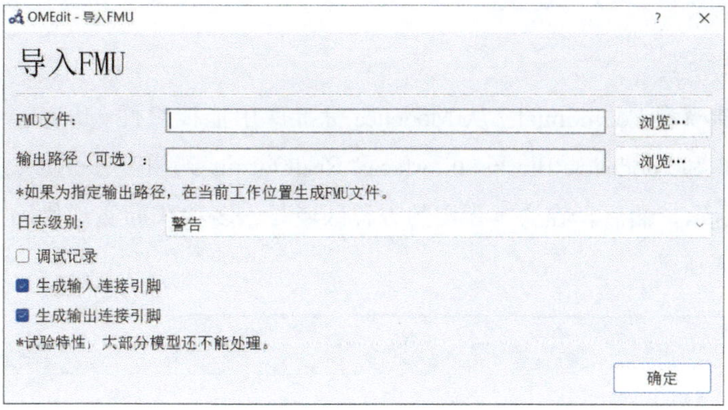

图 5.3　导入 FMU

（2）FMU 的导出

选中目标组件或模型，点击右键选择输出→FMU 即可。导出前可以对 FMI 标准的版本、类型和 FMU 名称等选项进行设置，如图 5.4 所示。

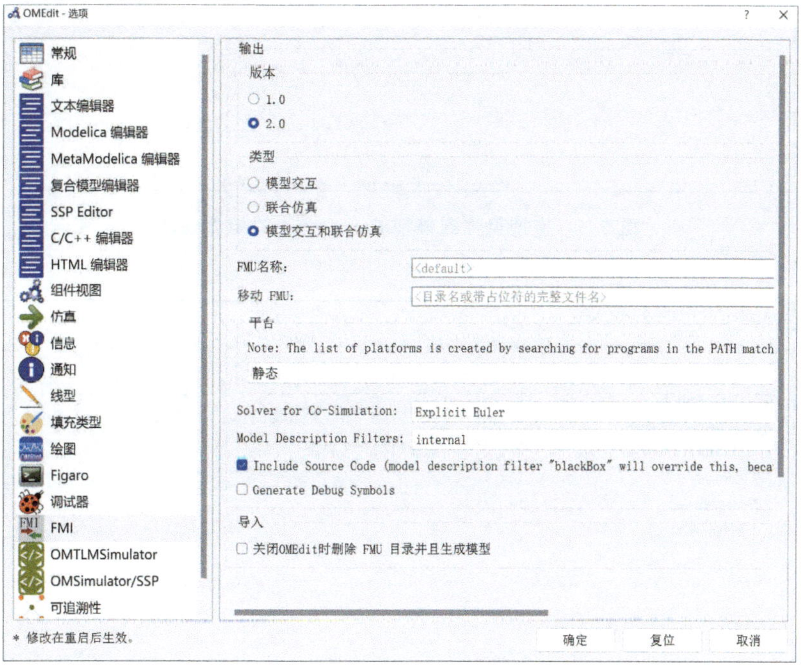

图 5.4　FMU 导出选项设置

5.1.2　实例操作演示

本实例中的模型是一个简单多项式 $y=2x^2-x+1$，自变量 $x=\sin(t)$，对计算结果进行仿真。接下来对该模型导出为 FMU 和通过其他模型调用该 FMU 及其仿真的过程进行讲解。

(1) 创建模型

首先，创建模型 Polynomial。从 Modelica 标准库中拖拽组件 Modelica. Blocks. Interfaces. RealInput 和 Modelica. Blocks. Interfaces. RealOutput 到模型 Polynomial 的组件视图中，如图 5.5 所示。然后，在文本视图的方程区域写入多项式的实现代码 $y=2*x*x-x+1$，如图 5.6 所示。

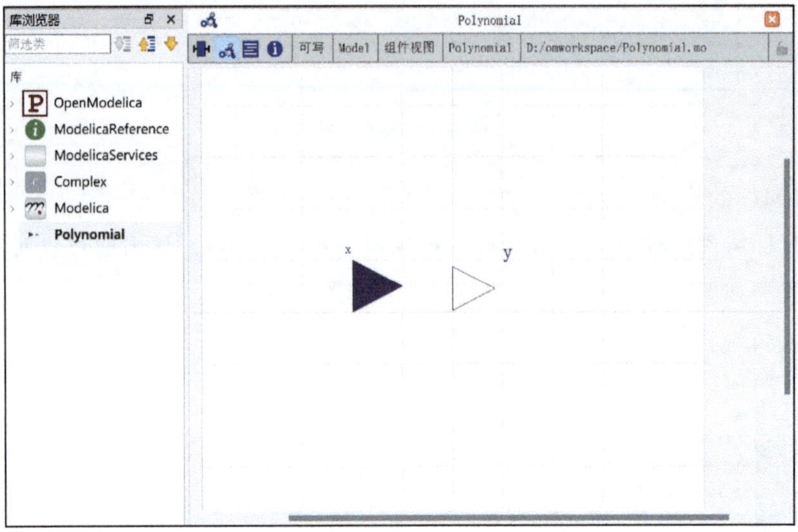

图 5.5　拖拽组件到模型 Polynomial 的组件视图

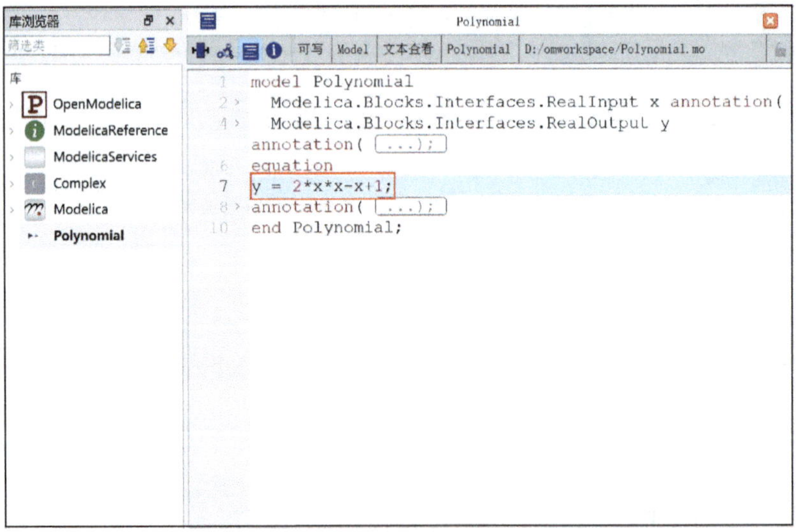

图 5.6　在文本视图的方程区域写入多项式的实现代码

（2）导出 FMU

按照第 5.1.1 节中 FMU 导出操作方法导出 Polynomial. fmu 文件。

（3）导入 FMU 并仿真

第一步，创建测试模型 Test，拖拽组件 Modelica. Blocks. Sources. Sine 到模型 Test 的组件视图中。

第二步，按照第 5.1.1 节中 FMU 导入操作方法导入 Polynomial. fmu 文件，选项设置均选择默认设置。

第三步，连接模型，仿真时间设置为 1 s，如图 5.7 所示。仿真结果如图 5.8 所示。

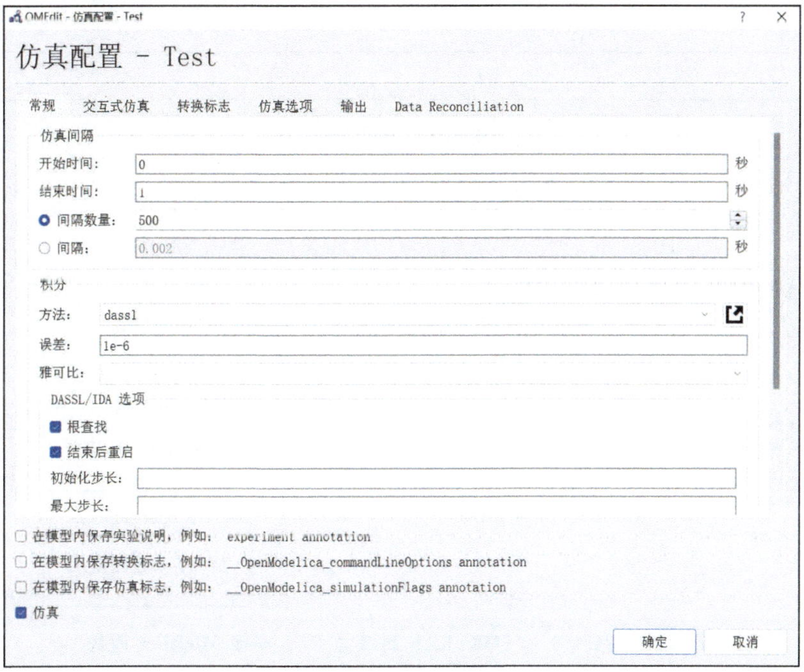

图 5.7　仿真设置

5.2　C/C++、FORTRAN

Modelica 语言可以调用 C/C++和 FORTRAN 语言编写的函数。本节主要介绍 C 函数的调用方法，C++和 FORTRAN 函数的调用方法与 C 函数类似。C++可以通过转换为 C 语言后被 Modelica 调用。FORTRAN 可以通过 F2C 工具（仅针对 FORTRAN77）转换为 C 语言后被 Modelica 调用。C/C++和 FORTRAN 语言编写的函数都可以通过封装为 DLL 库被 Modelica 调用，如图 5.9 所示。

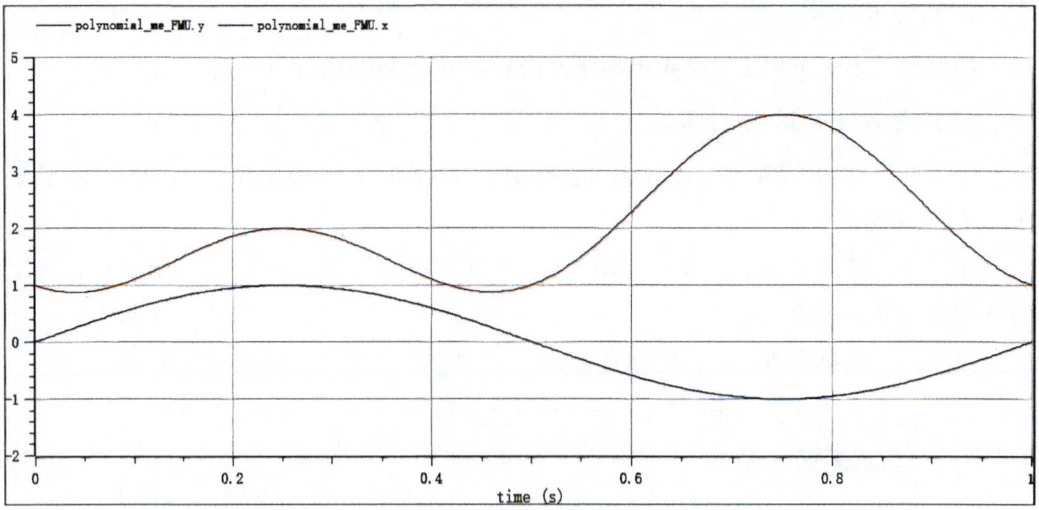

图 5.8　仿真结果

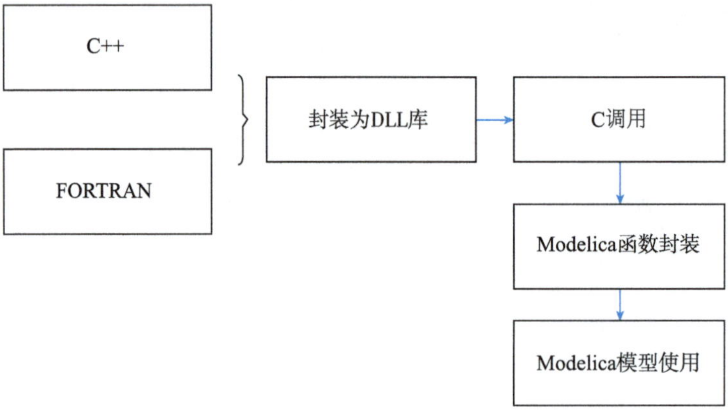

图 5.9　C/C++和 FORTRAN 封装为 DLL 库被 Modelica 调用

5.2.1　C 函数的调用

C 函数的调用方法主要有以下 3 种方式：

(1) 使用 C 文件

使用 C 文件的方式是指通过调用 .c 和 .h 文件进行调用，在 annotation 中用 Include 对被调用的 C 文件进行注解。在 function 的算法区通过 external 定义外部函数的调用。举例如下：

外部 C 文件 exadd. c：

```
double customadd (double a, doubleb) {
    return a+b;
}
```

ExternalC. mo 文件如下：

```
model ExternalC
  //对外部 C 函数的调用需使用 function 封装
  functionIncFunc
  input Real inputa;
  input Real inputb;
  output Real outputsum;
  //外部函数声明，Include 指定外部函数所需要的源文件 exadd. c
  external " C" outputsum=customadd (inputa, inputb) annotation
  (Include=" #include \" exadd. c \" " );
end IncFunc;
  Real y= IncFunc (1, 2);
end ExternalC;
```

需要强调的是，上述调用方式必须确保 exadd. c 文件与 ExternalC. exe 文件在同一个目录。为了避免上述问题，可以增加 IncludeDirectory 来指定外部 C 函数的路径。此时，

```
external " C" outputsum= customadd (inputa, inputb) annotation
(Include=" #include \" exadd. c \" " );
```

可以改写为：

```
external " C" outputsum= customadd (inputa, inputb) annotation
(Include=" #include \" exadd. c \" ", IncludeDirectory=" modelica://c 函
数的路径" );
```

(2) 使用链接库文件

如果外部 C 函数被封装为动态链接库，则需要通过调用链接库文件进行调用。需

要特别注意的是，OMEdit 的 C 编译器位数须与动态链接库的位数相匹配。接下来以一个实例来演示具体的调用过程。

① 生成 C 文件的动态链接库

第一步，使用 VS2022 选择 Windows 桌面向导新建一个项目 Project1，如图 5.10 所示。在应用程序类型选择动态链接库，其他选项选中空项目，点击确定即可，如图 5.11 所示。

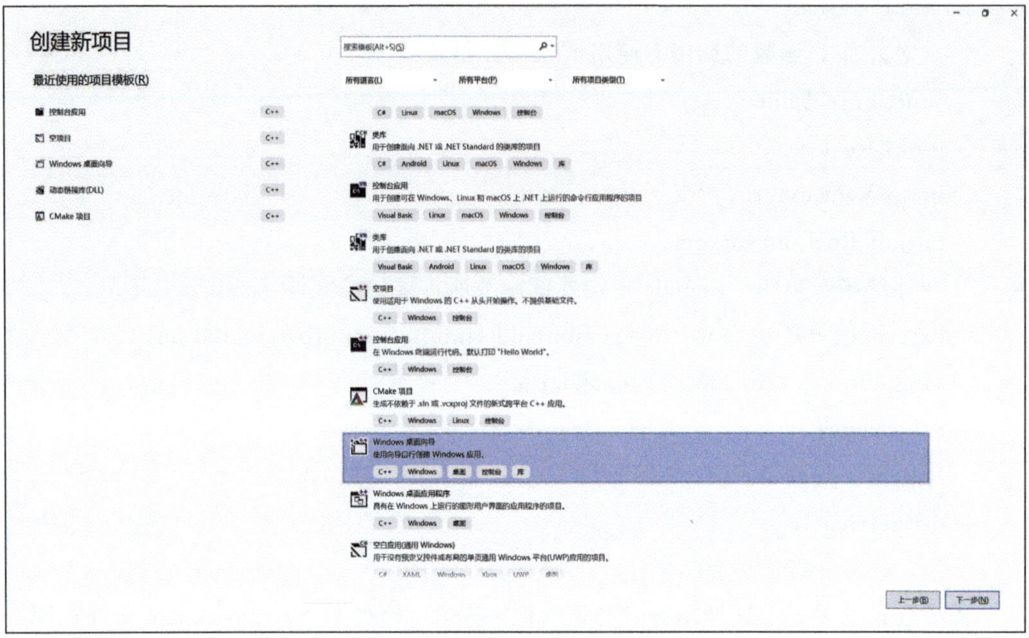

图 5.10　新建一个项目 Project1

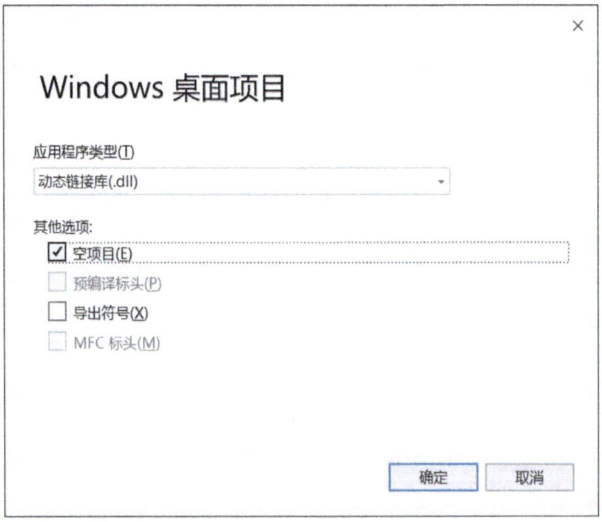

图 5.11　Windows 桌面项目对话框

第二步，在新建的项目 Project1 的头文件和源文件中添加如下 C 文件，代码如下：

```
add. h
#pragma once
int customadd (int a, int b);

add. c
int customadd (int a, int b) {
    return a + b + 3; //添加 3 为此自定义加法修正项
}
```

第三步，根据本机环境为 64 位，在 VS2022 选中 x64 选项。点击工具栏生成→生成 Project1，则生成相应的动态链接库 Project1. dll 文件。

② 调用动态链接库

使用动态链接库之前，将上述 Project1. dll 文件拷贝到 ExternalC _ Dll. mo 文件目录，并在 annotation 中使用 Library 对被调用的动态链接库进行注解，代码如下：

ExternalC _ Dll. mo 文件如下：

```
model ExternalC _ Dll
  //使用内部函数封装外部函数
  function IncFunc
  input Integer int1;
  input Integer int2;
  output Integer res;
  //外部函数声明
  //用关键字 external 指定引用外部 C 函数
  //用关键字 Library 注解指定外部动态库文件
  external " C" res =customadd (int1, int2) annotation (Library=" Project1" );
  end IncFunc;
  Real y=IncFunc (3, 4);
end ExternalC _ Dll;
```

如果 Project1.dll 文件存放其他位置，可以增加 LibraryDirectory 来指定外部动态链接库的路径。此时，

```
external " C" res =customadd (int1, int2) annotation (Library=" Project1" );
```

可以改写为：

```
external" C" outputsum= customadd (inputa, inputb) annotation (Include=" #include \ " exadd.c \ " ", LibraryDirectory = " modelica://动态链接库的路径" );
```

(3) 代码嵌入方式

C 函数可以直接嵌入到 Modelica 的源文件中被调用。代码如下：

```
model TestCIn
   //函数的引用使用函数封装
  function IncFunc
    input Real inputa;
    output Real outputa;
  //外部函数声明
  //引用外部函数的关键字 Include
  external " C" outputa =custom (inputa)
  annotation (Include =" intcustom (int a) {return a * 2;} " );
  end IncFunc;
  Real y = IncFunc (4);
end TestCIn;
```

5.2.2 C++函数的调用

原则上，Modelica 不能直接调用 C++外部函数，需要在 C++编写的函数声明中添加 extern “C” 后转换为 C 被 Modelica 调用，调用方式同上述 C 函数的调用。

5.2.3 FORTRAN 函数的调用

Modelica 可以通过 external “FORTRAN77” 直接调用 FORTRAN77 函数，也可

以将 FORTRAN 通过 F2C 工具转换为 C，之后的调用方式同上述 C 函数的调用。

5.3　Matlab

Matlab 主要是通过 OMC 来实现对 . mo 文件的操作，Matlab 被 Modelica 调用需要转换为 FMU，具体操作参见第 5.1 节。本节使用的 Matlab 版本是 R2022a。

用户安装 OpenModelica 的默认路径是 C：\ Program Files \ OpenModelica1. 18. 1-64bit，建议将 OpenModelica 文件拷贝到其他位置。

本节以 Hello. mo 文件为例介绍 Matlab 通过 OMC 实现对 . mo 文件的操作。

```
model Hello
  Realx (start = 1);
  parameter Real a = 1;
  equation
  der (x) =—a * x;
end Hello;
```

第一步，打开 Matlab，进入上述 Hello. mo 文件存放目录，代码如下：

```
cd (" D: \ openmat" );
```

Matlab 面板左侧文件夹视图中会出现上述文件结构和文件，如图 5.12 所示。

第二步，对上述 Hello. mo 进行仿真计算，代码如下：

```
system (" D: \ old \ bin \ omc. exe-s Hello. mo" );
```

Matlab 面板的命令行窗口显示成功执行相关信息，左侧面板显示执行生产的文件列表，如图 5.13 所示。

第三步，对上述结果文件进行编译和链接，代码如下：

```
system (" D: \ tools \ msys \ mingw64 \ bin \ mingw32-make. exe-f Hello. makefile" );
```

结果如图 5.14 所示。

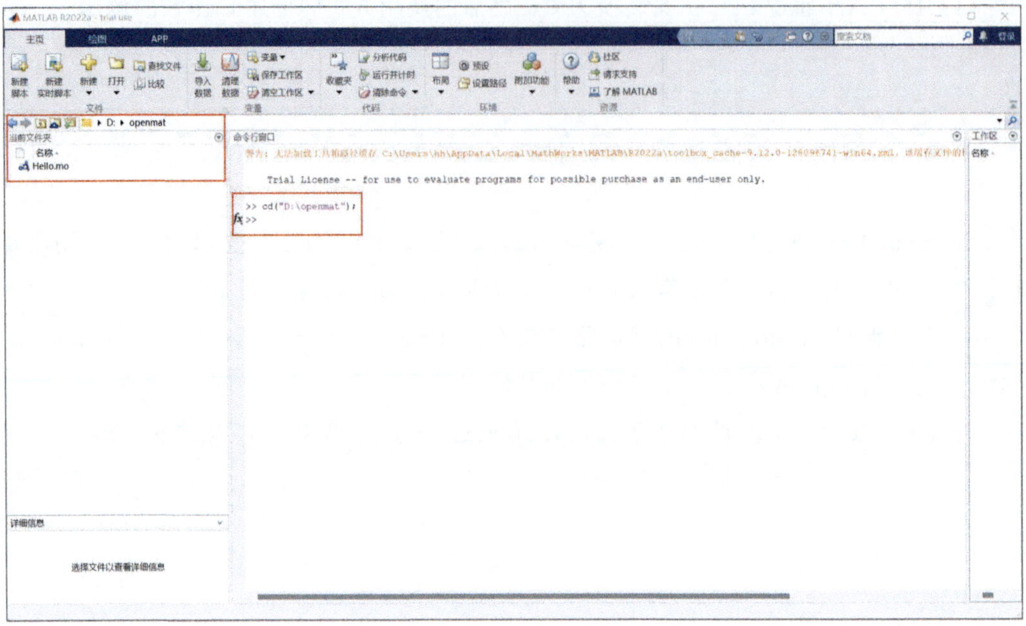

图 5.12　Matlab 进入工作目录

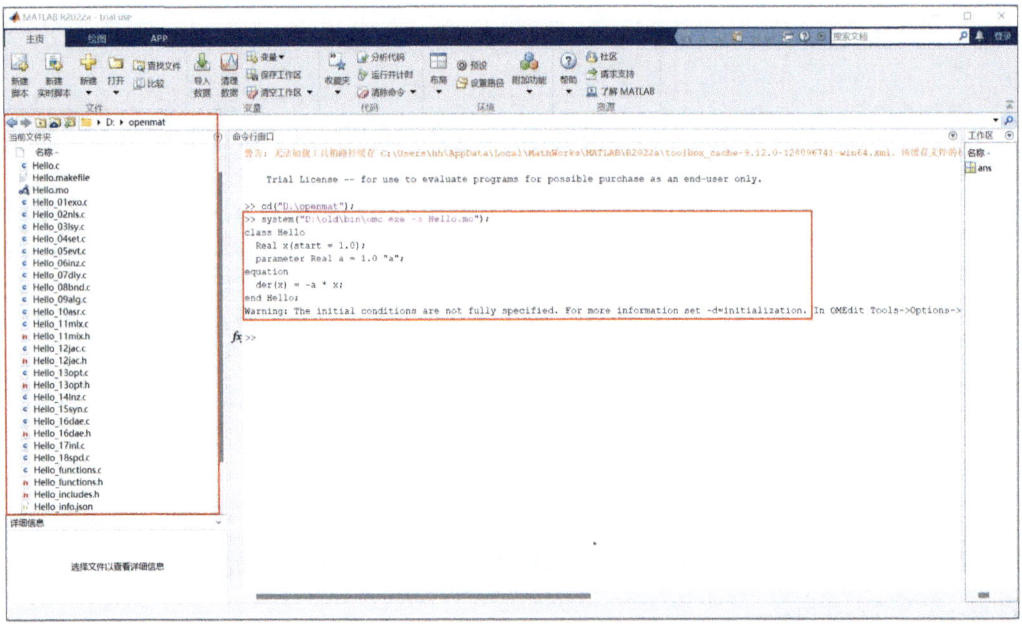

图 5.13　Hello.mo 文件执行结果

第四步，将 OMC 所有的依赖库（C:\Program Files\OpenModelica1.18.1-64bit\bin*.dll）拷贝到 Hello.mo 文件所在目录后，开始执行仿真计算，代码为：

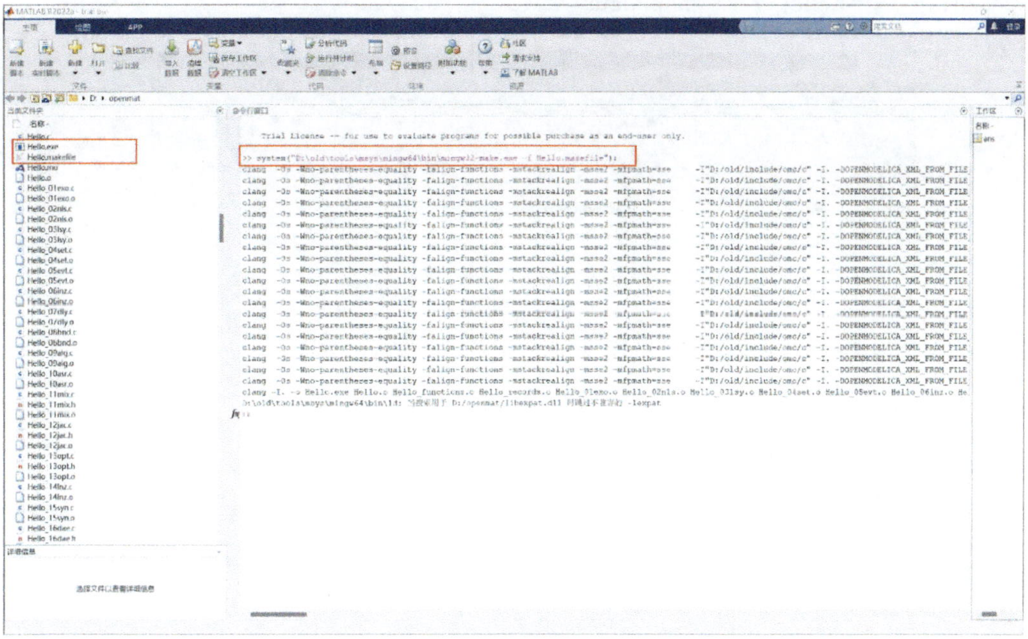

图 5.14　编译和链接结果

system（" D:/openmat/Hello. exe-port＝1102-logFormat＝xmltcp-override＝startTime＝0，stopTime＝1，stepSize＝0. 002，tolerance＝1e-6，solver＝dassl，outputFormat＝mat，variableFilter＝. ＊-r＝D：/openmat/Hello _ res. mat-w-lv＝LOG _ STATS-inputPath＝D:/openmat-outputPath＝" D:/openmat"）

运行完成后，结果文件 Hello _ res. mat 如图 5. 15 所示。Matlab 可读取该结果，代码如下：

load（'Hello _ res. mat'）

Matlab 面板工作区，可以看到该结果文件结构，如图 5. 16 所示。

仿真结果数据存在多维数组 data _ 2 中，双击可以在 Matlab 打开数据视图，可以看出，第一行数据为时间迭代数组，第二行数据为变量 x 的迭代计算数组，第三行是 der（x）的迭代计算数组，如图 5. 17 所示。

封装数据，代码如下，结果如图 5. 18 和图 5. 19 所示。

hello _ res _ map＝load（'Hello _ res. mat'）

array _ time＝ hello _ res _ map. data _ 2（1，1：502）

array _ x=hello _ res _ map. data _ 2 (2, 1: 502)

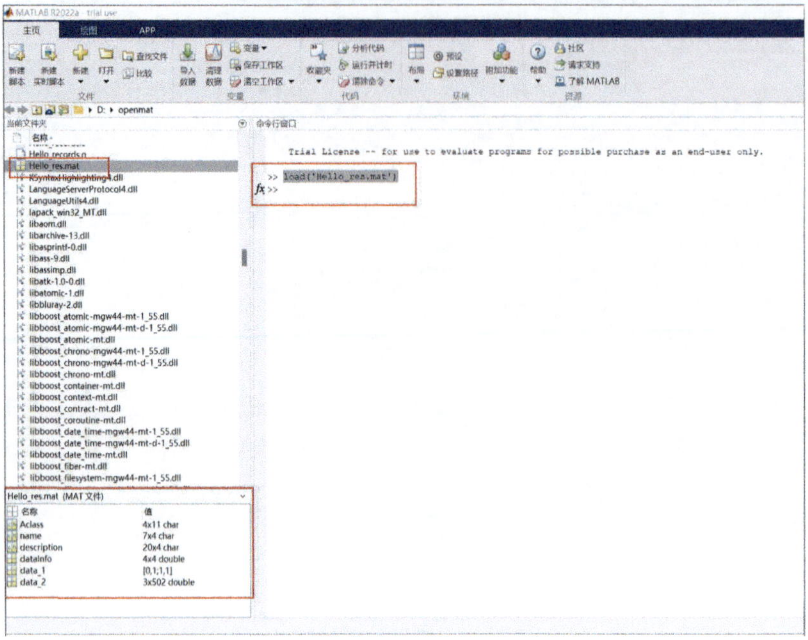

图 5.15 结果文件 Hello _ res. mat 图

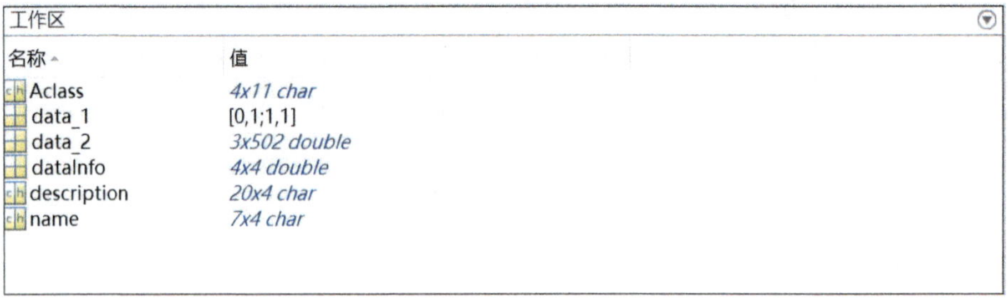

图 5.16 Hello _ res. mat 结构图

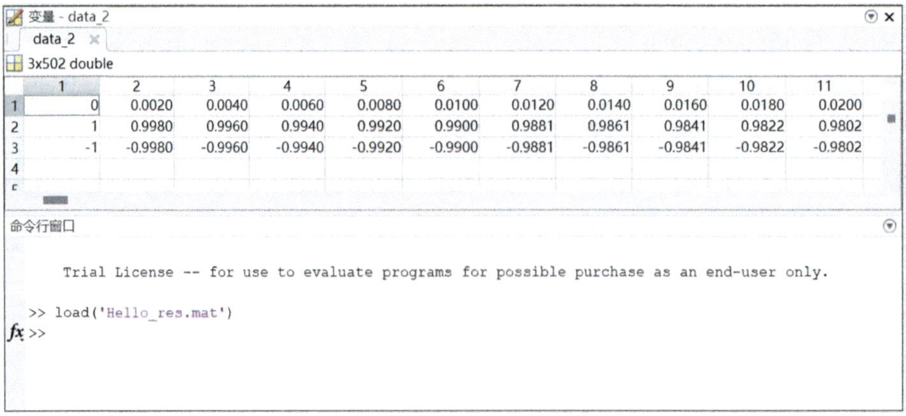

图 5.17 data _ 2 数据视图

```
命令行窗口
>> load('Hello_res.mat')
>> hello_res_map=load('Hello_res.mat')

hello_res_map =

  包含以下字段的 struct:

         Aclass: [4×11 char]
           name: [7×4 char]
    description: [20×4 char]
       dataInfo: [4×4 double]
         data_1: [2×2 double]
         data_2: [3×502 double]



>> array_time=hello_res_map.data_2(1,1:502)

array_time =

  列 1 至 9

         0    0.0020    0.0040    0.0060    0.0080    0.0100    0.0120    0.0140    0.0160

  列 10 至 18

    0.0180    0.0200    0.0220    0.0240    0.0260    0.0280    0.0300    0.0320    0.0340

  列 19 至 27

    0.0360    0.0380    0.0400    0.0420    0.0440    0.0460    0.0480    0.0500    0.0520

  列 28 至 36
```

图 5.18　时间迭代数组

```
命令行窗口
  列 496 至 502

    0.9900    0.9920    0.9940    0.9960    0.9980    1.0000    1.0000

>> array_x=hello_res_map.data_2(2,1:502)

array_x =

  列 1 至 9

    1.0000    0.9980    0.9960    0.9940    0.9920    0.9900    0.9881    0.9861    0.9841

  列 10 至 18

    0.9822    0.9802    0.9782    0.9763    0.9743    0.9724    0.9704    0.9685    0.9666

  列 19 至 27

    0.9646    0.9627    0.9608    0.9589    0.9570    0.9550    0.9531    0.9512    0.9493

  列 28 至 36

    0.9474    0.9455    0.9436    0.9418    0.9399    0.9380    0.9361    0.9343    0.9324

  列 37 至 45

    0.9305    0.9287    0.9268    0.9250    0.9231    0.9213    0.9194    0.9176    0.9158

  列 46 至 54

    0.9139    0.9121    0.9103    0.9085    0.9066    0.9048    0.9030    0.9012    0.8994

  列 55 至 63

fx  0.8976    0.8958    0.8940    0.8923    0.8905    0.8887    0.8869    0.8851    0.8834
```

图 5.19　变量 x 的迭代计算数组

使用内置命令绘图，代码如下，结果如图 5.20 所示。

```
plot (array _ time, array _ x)
```

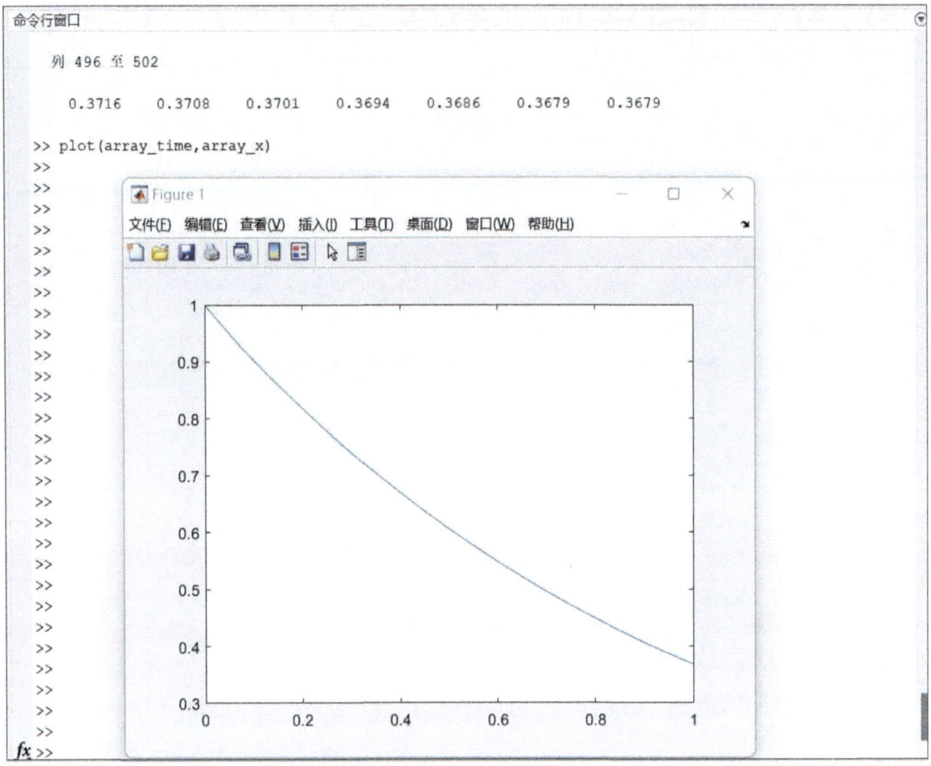

图 5.20　变量 *x* 与时间函数关系图

5.4　Python

Python 主要是通过 OMC 来实现对 .mo 文件的操作。本节以调用 CalledbyPython.mo 文件为例进行介绍。

```
model CalledbyPython
    Real x (start=1.0), y (start=2.0);
    parameter Real b = 2.0;
  equation
    der (x) =-b * y;
```

```
    der (y) = x;
end CalledbyPython;
```

第一步，通过 python 脚本 CreateMosFile. py 创建 CalledbyPython. mos 文件，代码如下：

```
mos_file = open ('CalledbyPython. mos','w', 1) # 创建 . mos 文件并设置为可编辑
mos_file. write ('loadFile (" CalledbyPython. mo" ); \n') # 加载 CalledbyPython. mo 文件
mos_file. write ('setComponentModifierValue (CalledbyPython, b); \n') # 设置相关参数
mos_file. write ('simulate (CalledbyPython, stopTime=1); \n') # 设置仿真终止时间为 1 s
mos_file. close ()
```

第二步，通过 OMC 对创建的 CalledbyPython. mos 文件进行执行，得到结果文件 CalledbyPython_res. mat，对应的 python 脚本的代码如下：

```
import sys
import os
os. system (" omc CalledbyPython. mos" )
```

第三步，读取数据并对计算结果进行分析。对应的 python 脚本 RetrResult. py 的代码如下：

```
import scipy. io as scio
data =scio. loadmat (" CalledbyPython_res. mat" )
```

上述 python 脚本可以整合为一个脚本文件，代码如下：

```
import sys
import os
os. system ('python CreateMosFile. py')
```

```
os. system (" omc CalledbyPython. mos" )
os. system ('python RetrResult. py')
```

上述 Python 脚本执行完成后，分析 x，y 数据如表 5. 2 所示。

表 5. 2　Python 脚本结果数据表

变量	数据							
x	1. 0	0. 996	0. 992	0. 988 1	0. 984 1	…	0. 135 9	0. 135 3
y	2. 0	2. 002 0	2. 004 0	2. 006 0	2. 007 9		2. 432 1	2. 432 3

5. 5　OMShell

OMShell，是一个交互式命令行处理器，直接打开，首页视图如图 5. 21 所示。

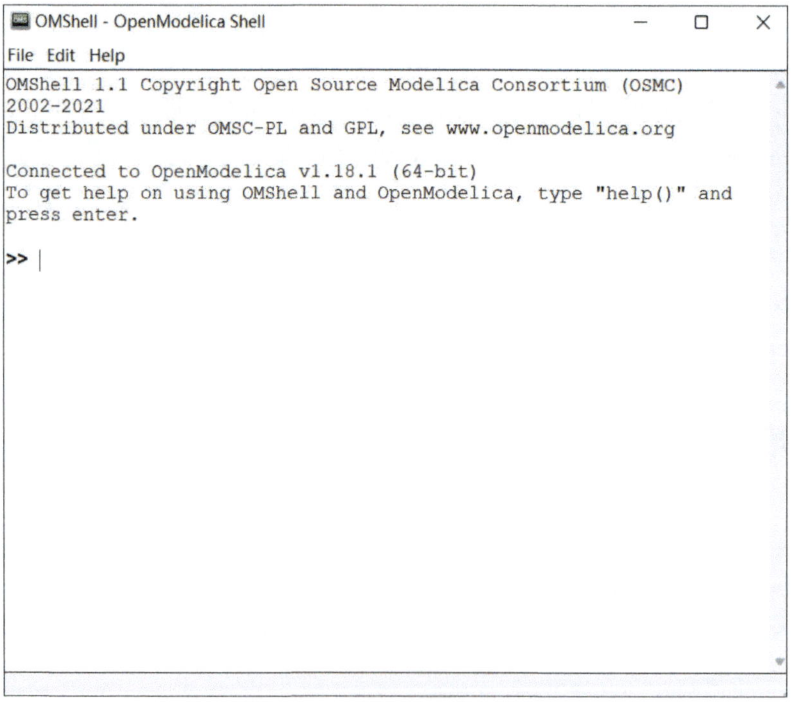

图 5. 21　OMShell 首页

OMShell 是通过指令来实现对 . mo 文件的操作。本节以操作 TestOMShell. mo 文件为例进行介绍，代码为：

```
model TestOMShell
    Real x（start=1.0），y（start=2.0）;
    parameter Real b=2.0;
equation
    der（x）=-b*x;
    der（y）=x;
end TestOMShell;
```

第一步，加载 Modelica 标准库，代码如下：

```
loadModel（Modelica）
```

OMShell 界面执行上述命令，将返回 true，如图 5.22 所示。

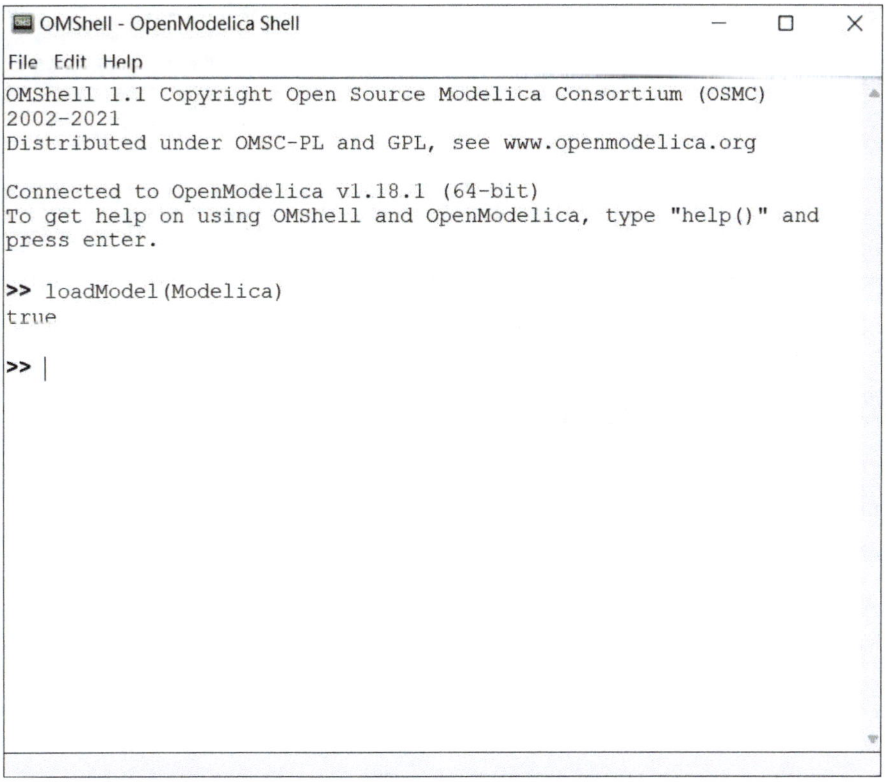

图 5.22　执行 loadModel（Modelica）

第二步，加载 TestOMShell.mo 文件，代码为：

loadFile（" D：\ omworkspace \ TestOMShell. mo" ）

OMShell 界面执行上述命令，将返回 true，如图 5.23 所示。

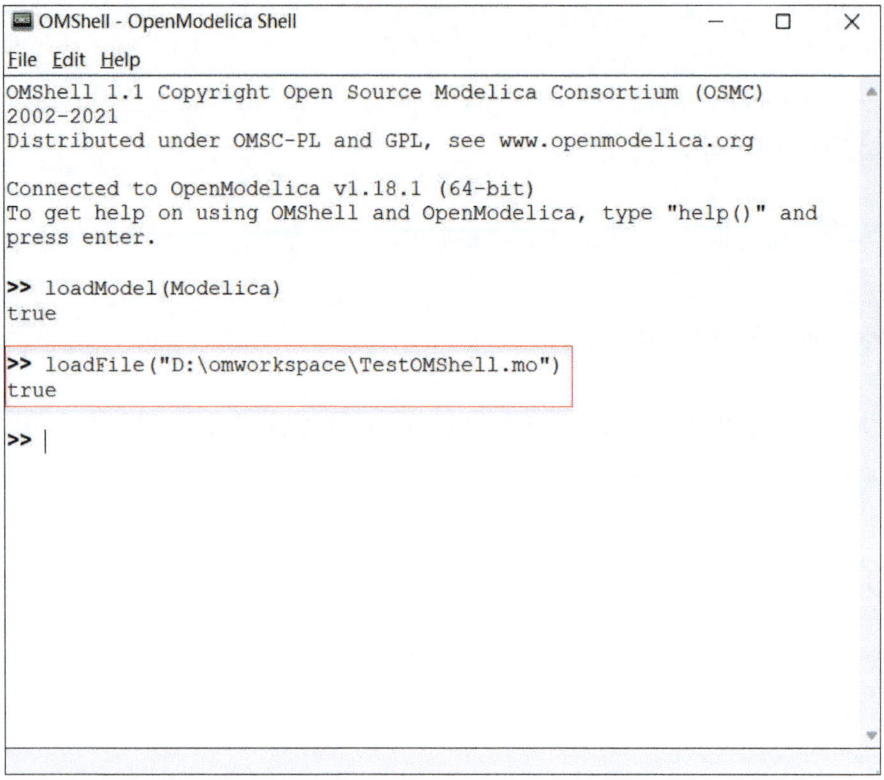

图 5.23　加载 TestOMShell. mo 文件

第三步，仿真计算，代码如下：

simulate（TestOMShell，stopTime=1）

OMShell 界面执行上述命令，将返回本次仿真计算结果，如图 5.24 所示。第四步，查看结果，代码如下：

plot（x）

OMShell 界面执行上述命令，将启动 OMPlot 对结果进行绘制，如图 5.25 所示。

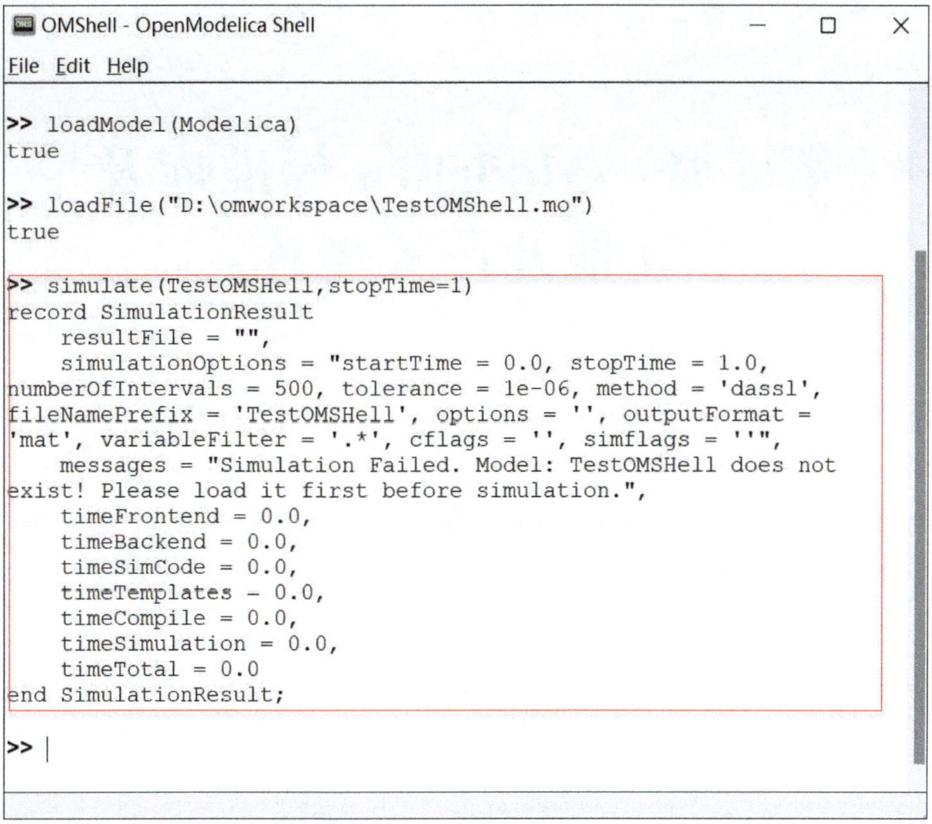

图 5.24　仿真计算结果

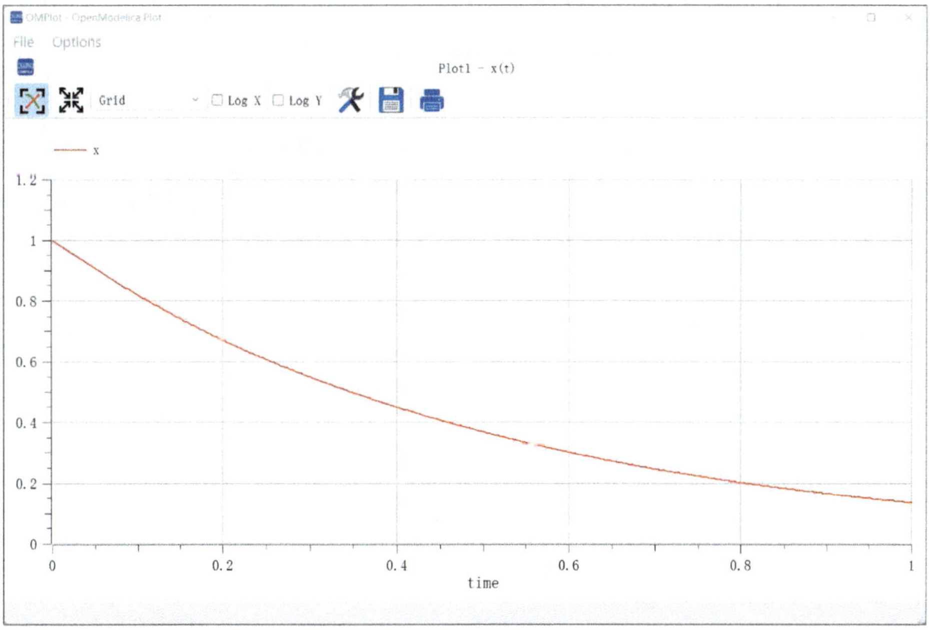

图 5.25　结果查看

第 6 章　Modelica 标准库及其他开源模型库

面向对象建模的思想是为了支持模型知识简单、灵活的重用。Modelica 支持将模型组件作为不同模型中的部件进行重用，并支持易适应的模型组件，使它们能够描述类似的物理组件。Modelica 的设计也同时伴随着模型库的发展，以下分别介绍 Modelica 标准库和一些常用的开源模型库。

6.1　Modelica 标准库

OpenModelica 中以 Modelica 命名的包，是一个由 Modelica 协会开发和维护的免费的预定义的标准模型库，也就是 Modelica 标准库（Modelica Standard Library，MSL）。它包含不同学科的常量、类型、连接器、基类和模型组件类，可用于机械、电气、流体、控制等专业领域。从 1999 年发布第一版以来，已经发布了多个版本，部分版本和发布信息可参照表 6.1，更详细的信息可以登录 https：//www. modelica. org 查阅。

表 6.1　主要 Modelica 标准库版本信息

序号	版本号	发布时间
1	V4.0.0	2020 年 6 月 5 日
2	V3.2.3	2019 年 1 月 23 日
3	V3.2.2	2016 年 4 月 3 日
4	V3.2.1	2013 年 8 月 14 日
5	V3.2	2010 年 10 月 25 日
6	V3.1	2009 年 8 月 14 日
7	V3.0.1	2009 年 1 月 27 日
8	V3.0	2008 年 3 月 1 日
9	V2.2.2	2007 年 8 月 31 日
10	V2.2.1	2006 年 3 月 24 日

续表

序号	版本号	发布时间
11	V2. 2	2005 年 4 月 6 日
12	V2. 1	2004 年 11 月 11 日
13	V1. 6	2004 年 6 月 30 日
14	V1. 5	2002 年 12 月 16 日
15	V1. 3. 1	1999 年 12 月 13 日

以下以标准库 V3. 2. 3 版本为例介绍标准库包含的内容，该版本标准库共包括 15 个子库，合计 1 288 个组件模型和模块、404 个示例模型及 1 227 个函数，各子库用途简述参见表 6. 2。

表 6. 2　Modelica 标准库 V3. 2. 3 版本的子库

序号	子库名	描述
1	Blocks	连续和离散的输入/输出块，例如积分器、PI、PID、传递函数、线性状态空间系统、采样器、非线性和线性信号块等
2	ComplexBlocks	复信号的基本输入/输出控制块
3	StateGraph	分层状态机，用于离散事件和反应系统的建模
4	Electrical	电气模型库，包括模电、数电、电机和多相电机等
5	Magnetic	用于电磁设备建模的模型库
6	Mechanics	一维和三维的机械组件模型库，含多体、旋转和平动
7	Fluid	一维热流模型库
8	Media	介质属性模型库，包含单相或多相流动的单一介质和混合介质
9	Thermal	模拟热交换和简单热流管道的热力系统组件模型库
10	Math	数学函数库及矩阵和向量的运算函数库
11	ComplexMath	复数函数库
12	Utilities	用于文件、数据流、字符串和系统操作的工具函数库
13	Constants	数学和自然界中常用的常量
14	Icons	图标库
15	SIunits	基于 ISO 31-1992 的类型和单位定义库

6. 1. 1　Modelica. Blocks

Blocks 库包含用于构建块图的基本输入/输出块。Blocks 库的最大特点是其中的元件基本上都使用 block 进行定义（关于 block 与 model 的区别可参见第 5. 2. 5 特化类相关内容），其通常使用在具有因果关系的面向框图的建模方法中。Modelica. Blocks. Examples. PID _ Controller 是典型的因果建模，如图 6. 1 所示。这样的应用明显隐藏了实际物理结构的细节，仅仅考虑特定的工况，类似的建模方式是 Block 库中元件的典型应用场景。

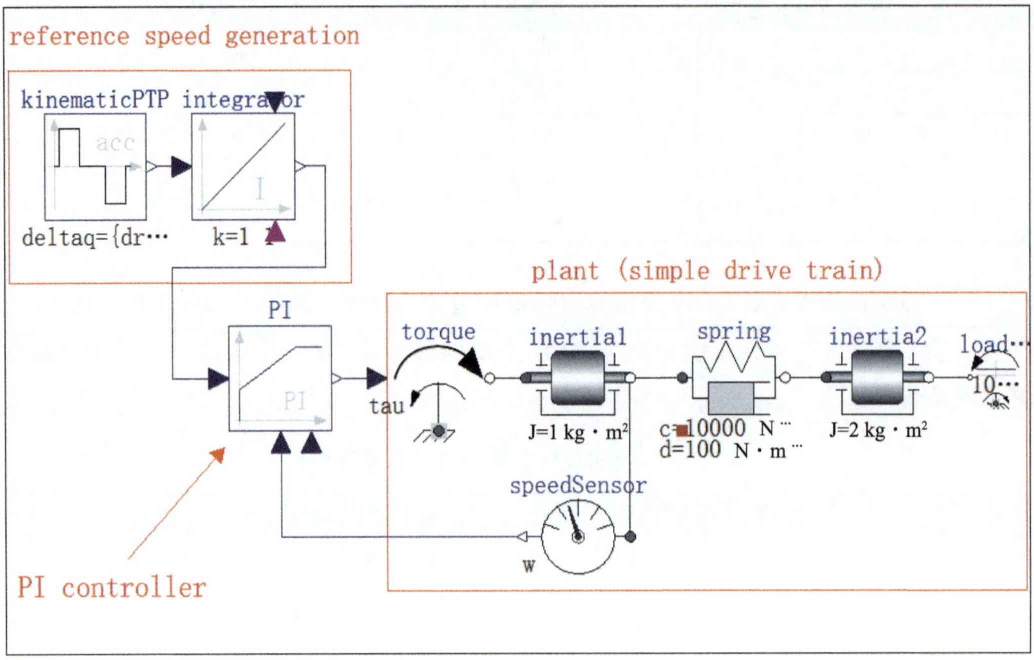

图 6.1　PID_Controller 模型

6.1.2　Modelica. ComplexBlocks

ComplexBlocks 库的使用场景与 Blocks 库类似，所不同的是其输入或输出的信号通常是复数数据类型 Complex 的形式。Modelica. ComplexBlocks. Examples. TestConversionBlock 是典型的应用案例，如图 6.2 所示。TestConversionBlock 模型将被 Real 类型定义的复数信号转换为复数的实部和虚部，绘制曲线可以得到阿基米德螺线。

6.1.3　Modelica. StateGraph

StateGraph 库是基于 JGrafchart 方法，并利用了操作语言 Modelica 特性的用于离散事件和反应系统建模的分层状态机组件库。这个库有一个改进版本的 Modelica _ StateGraph2，可以从 https：//github. com/modelica/Modelica _ StateGraph2 下载。根据用户指南中对这两个库的详细比较，强烈推荐使用 Modelica _ StateGraph2。Modelica. StateGraph. Examples. ControlledTanks 是典型应用案例，如图 6.3 所示。ControlledTanks 模型是对两个油箱的加满和排空的控制逻辑的仿真。

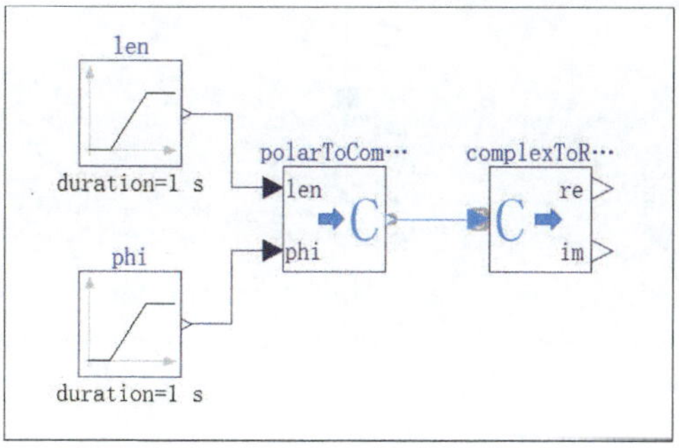

图 6.2 TestConversionBlock 模型

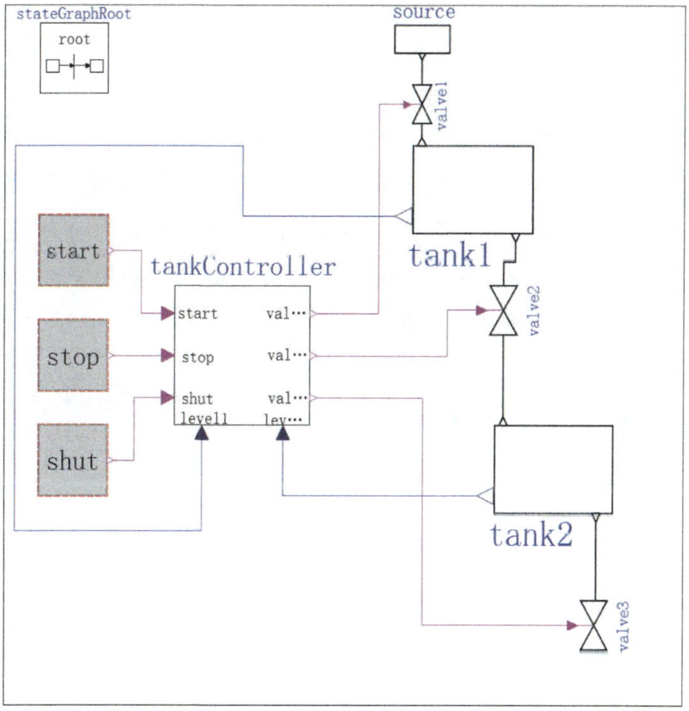

图 6.3 ControlledTanks 模型

6.1.4 Modelica.Electrical

Electrical 库是电气模型库，包括用于建立模电和数电的电子元件以及用于模拟电动机和发电机的设备组件，特别是三相感应电机，如异步电动机。Modelica.Electrical.Analog.Examples.ShowSaturatingInductor 是典型的应用案例，如图 6.4 所示。ShowSaturatingInductor 模型使用可变电感对饱和电感的性能进行仿真，对比分析饱和电感和理想电感的不同。

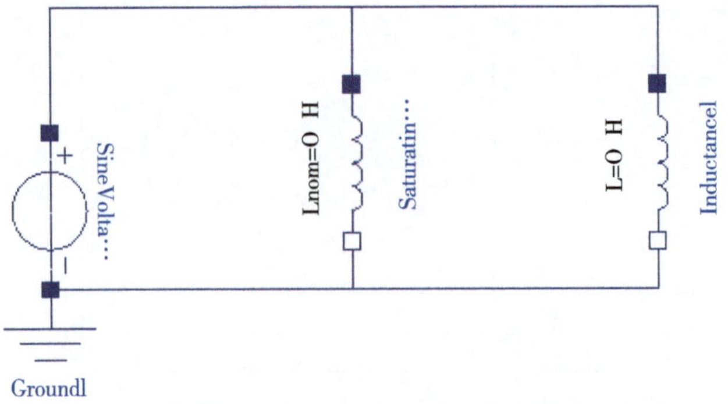

图 6.4　ShowSaturatingInductor 模型

6.1.5　Modelica. Magnetic

Magnetic 库是电磁模型库，包含用于构建电磁设备的电磁元件。如 FluxTubes 中包含了对集中磁性网络的电磁装置建模的组件。这些模型既适用于设备的电磁子系统的初步设计，又适用于与相邻子系统一起进行系统级的高效动态仿真。Modelica. Magnetic. FluxTubes. Examples. SaturatedInductor 是典型的应用案例，如图 6.5 所示。该模型对软磁材料的非线性磁化特性进行仿真。

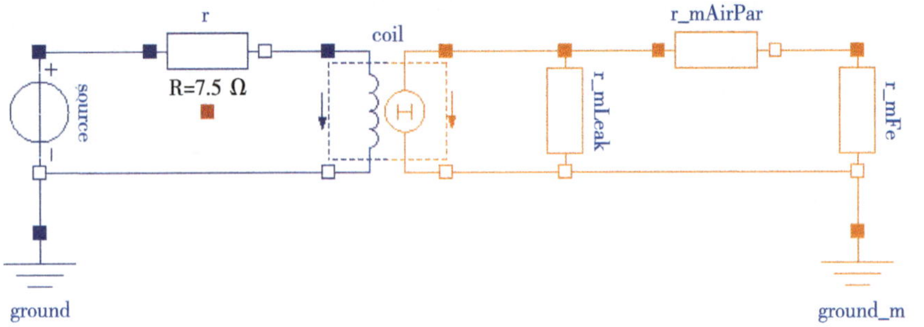

图 6.5　SaturatedInductor 模型

6.1.6　Modelica. Mechanics

Mechanics 库是一维和三维的机械组件模型库，含多体、旋转和平动。一维旋转机械系统包含惯量、弹簧和齿轮箱等；一维平动机械系统包含质量块、弹簧和受力等；三维机械系统包含运动副、刚体、力和传感器等。Modelica. Mechanics. MultiBody. Examples. Elementary. SpringWithMass 是典型的应用案例，如图 6.6 所示。SpringWithMass 模型对竖直方向上带质量的弹簧振子的简谐运动进行仿真。

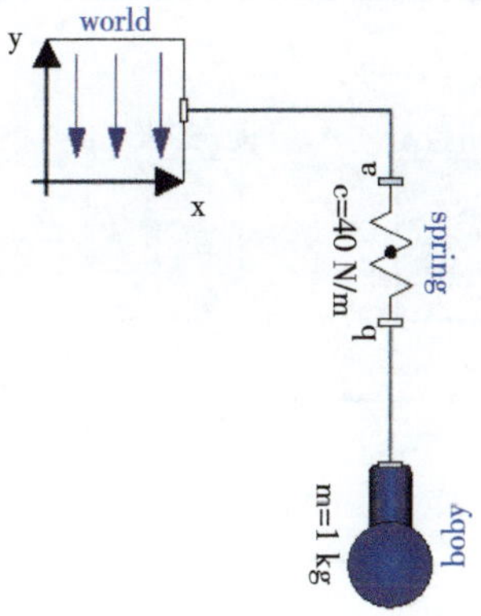

图 6.6　SpringWithMass 模型

6.1.7　Modelica. Fluid

Fluid 库是包含了一维热流体组件的模型库，如容器、管道、流体机械、阀门、配件、源和传感器等。其独特之处在于组件模型和介质模型及压力损失和传热关系式之间相互解耦。这样使得所有组件可以使用 Modelica. Media 库中的介质，有利于 Media 库的发展，也有利于开发适合自己的工程流体库。Modelica. Fluid. Examples. PumpingSystem 是典型的应用案例，如图 6.7 所示。该模型模拟水从水源通过泵送到 50 m 高的蓄水池供用户使用，并实时监控储水池水位及控制阀压力。

6.1.8　Modelica. Media

Media 库是提供了单相、多相、单一介质和混合介质的介质模型库，包含 IdealGases、Water、Air、Incompressible、CompressibleLiquids 和 R134a 等组件，具体内容如表 6.3 所示。

Media 库有面向对象和函数为基础的两种方法。面向对象的方法可以直接使用 BaseProperties 实例模型，函数为基础的方法是使用 setSate _ XXX 函数计算 sate，再从 sate 计算其他变量。

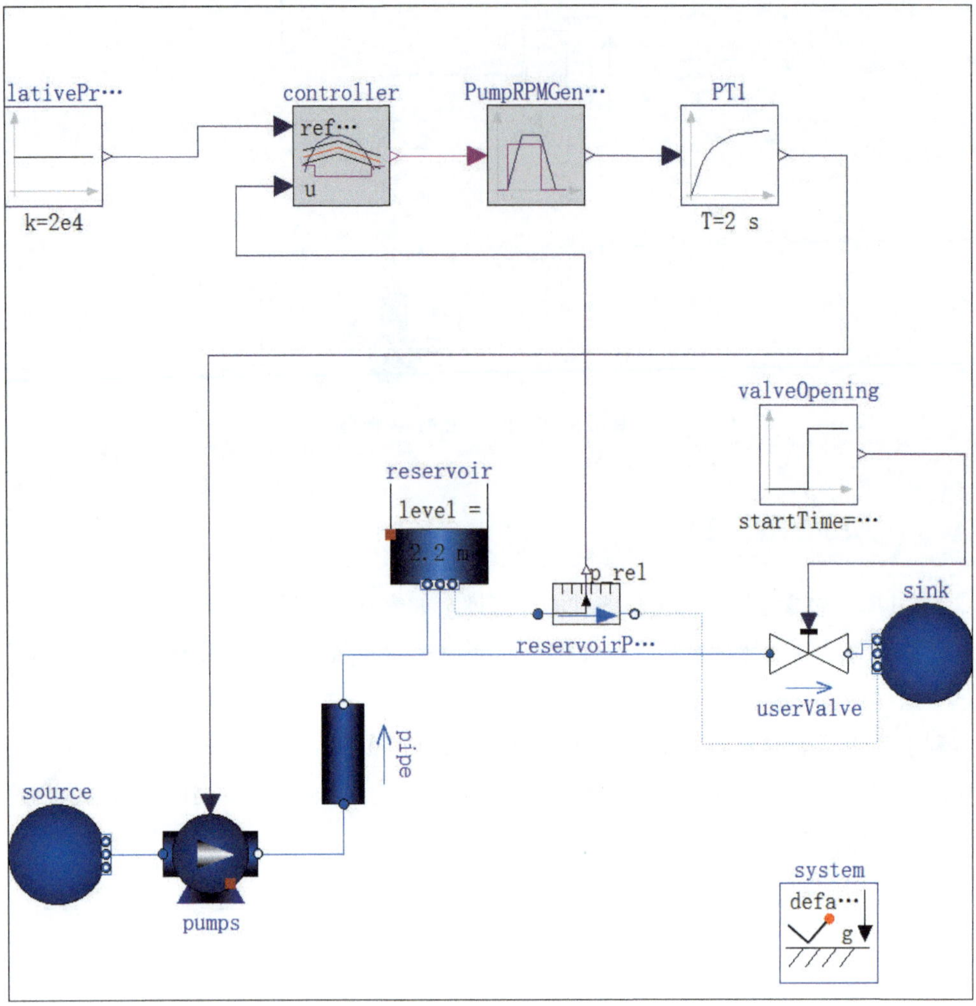

图 6.7　PumpingSystem 模型

表 6.3　Media 库中的主要组件介绍

组件名	描述
Ideal Gases	包含了 NASA 的 1 241 种理想气体的数据
Water	包含恒定性质液态水、理想蒸汽和基于 IAPWS/IF97 开发的高精度水模型 Water-IF97
Air	包含了简单干空气、NASA 干空气和湿空气模型
Incompressible	包含由表格、函数或多项式描述的不可压缩流体介质模型
Compressible Liquids	包含线性可压缩流体介质模型
R134a	提供了以下限制范围内的 R134a 介质模型： 0.0039 bar$\leqslant p \leqslant$700 bar 169.85 K$\leqslant T \leqslant$455 K

6.1.9 Modelica. Thermal

Thermal 是建立传热和简单热流体管流模型的热系统元件库。Modelica. Thermal. FluidHeatFlow. Examples. SimpleCooling 是典型的应用案例，如图 6.8 所示，该模型通过泵驱动冷却剂模拟受热管道的冷却散热。

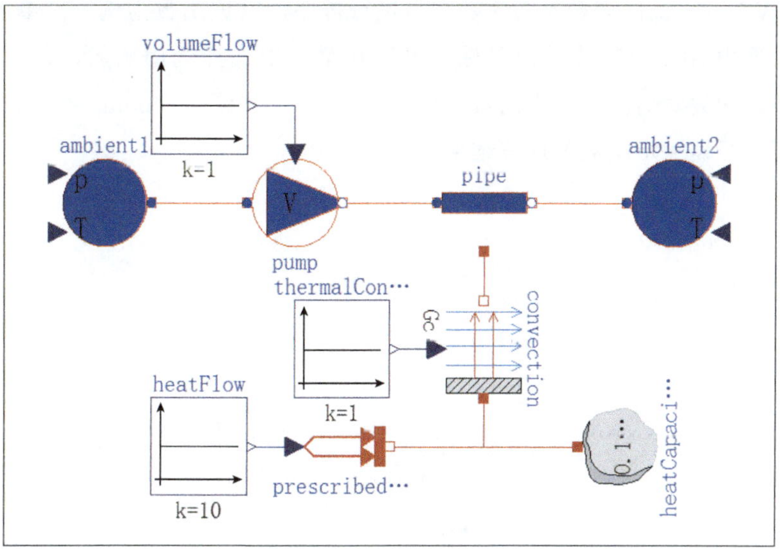

图 6.8 SimpleCooling 模型

6.1.10 Modelica. Math

Math 库是包含基本数学函数以及向量、矩阵、非线性函数和布尔向量的操作函数的模型库，函数共约 190 个，具体内容如表 6.4 所示。

表 6.4 Math 库中的组件介绍

组件名	描述
Vectors	操作向量的函数库（如求向量的范数、长度、索引和插值等）
BooleanVectors	操作布尔类型向量的函数库
Matrices	提供对矩阵进行操作的函数（如求矩阵的秩、特征值、条件数、线性方程组求解等），大多数函数是通过调用外部 LAPACK 库实现相应的功能
Nonlinear	操作非线性方程的函数库（如返回函数的积分值，求非线性代数方程组等）
Random	随机数生成函数库，包含用于生成随机数的低级函数。通常，这些函数不会被直接使用，而是用作更高级别功能的构建块
Distributions	分布函数库，提供了概率密度函数、累积分布函数和逆累积分布函数
Special	特殊数学函数库，如误差函数、误差互补函数和逆补余误差函数等

续表

组件名	描述
FastFourierTransform	提供了计算快速傅里叶变换（FFT）的函数
Icons	数学图标
其他	主要包括三角函数、反三角函数、指数函数和对数函数等

Math. Vectors. sort 函数是对实数向量进行排序，以该函数为例，简单说明函数的使用方法。选中 sort 函数并单击鼠标右键后在菜单中选择调用函数，如图 6.9 所示。在弹出的调用函数对话框中输入向量 {1，5，3，7}，并将 ascending 参数设置为 true，则在命令行编辑器显示函数的计算结果为：

```
Modelica. Math. Vectors. sort（ {1，5，3，7}，true)
（ {1.0，3.0，5.0，7.0}，{1，3，2，4} )
```

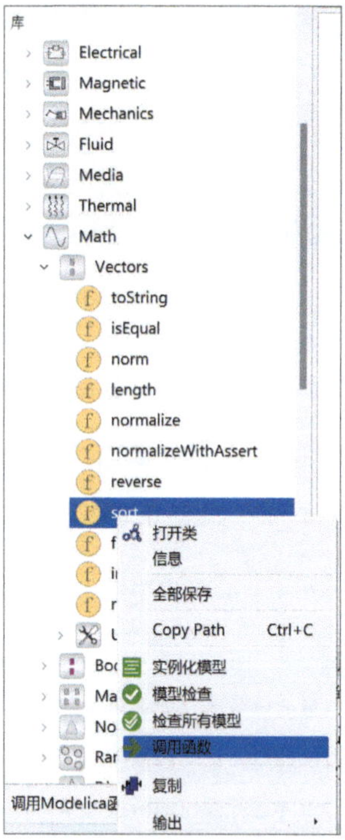

图 6.9　选择调用函数

上述图形化操作并不和一个具体的模型相关联，因此无法自动在模型中加入代码。如果需要在具体的模型中调用函数，需要采用文本化方式。具体的方法是在建模界面的文本查看视图中直接增加代码或者拖动元件图标到文本视图中，代码为：

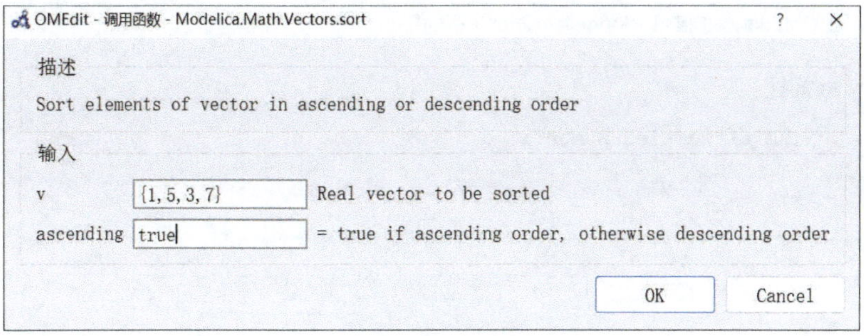

图 6.10　调用函数对话框

```
model testSort
  Real [4] sortvessel;
  Integer [4] sortIndex;
  Real [:] v= {1, 5, 3, 7};
equation
(sortvessel, sortIndex) = Modelica. Math. Vectors. sort (v, true); //调用 sort 函数
end testSort;
```

6.1.11　Modelica. ComplexMath

ComplexMath 库是对复数进行运算的基本数学函数，以及对复数向量进行操作的函数。

以 ComplexMath. Vectors. sin 函数为例，简单说明函数的使用方法。在弹出的调用函数对话框中输入 Complex (re=1, im=2)，则在命令行编辑器显示函数的计算结果为：

```
Modelica. ComplexMath. sin (Complex (re=1, im=2) )
record Complex
    re = 3.165778513216168,
    im = 1.959601041421606
end Complex;
```

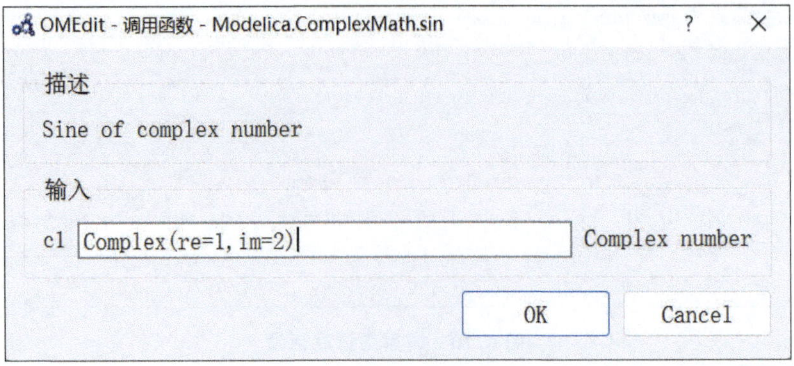

图 6.11 调用函数对话框

6.1.12 Modelica. Utilities

Utilities 库包含适合脚本编写的 Modelica 函数。这些函数可被用于处理字符串、从文件中读取数据、将数据写入文件或复制、移动和删除文件等。

readRealParameter 函数的作用是读取文件中的配置值。其中，有两个参数，第一个参数可用来指定配置文件所在的目录和名称，第二个参数则指定该配置文件中所需要读取的配置值的名称。以 readRealParameter 函数为例，简单介绍函数的使用方法。读取 C 盘下 test. txt 文件中 w _ rel0 值的代码如下：

```
model testRead
Real result=Modelica. Utilities. Examples. readRealParameter （" c：\\ test. txt"," w _ rel0" ）;
end testRead;
```

6.1.13 Modelica. Constants

Constants 库包含数学和自然界中常用的常量，如圆周率 π、重力加速度 g 和玻耳兹曼常数 k 和摩尔气体常数 R 等。

6.1.14 Modelica. Icons

Icons 库定义了各种图标，其他模型可以直接使用该库中的图标，也可以将其作为模板创建新的图标或自定义图标后放到该库的子节点中。

6.1.15 Modelica. SIunits

SIunits 库是基于 ISO 31-1992 标准的单位类型和定义库，如质量、角度和时间等。

此外，还提供了国际单位制和非国际单位制的相互转换函数。

SIunits 库中的单位使用 type 关键字进行定义，可具有 quantity、unit 和 displayUnit 等属性。

在仿真过程中，编译器会进行单位检查，包括变量的单位以及方程两边表达式的单位是否匹配。有时，即使单位不匹配，在 OpenModelica 中同样可以编译通过，因此，使用过程中需要特别关注变量单位的设置，不要过于依赖编译器的单位检查功能。

此外，为了方便使用，OpenModelica 可以使用 displayUnit 字段来约定显示给用户的单位名称，这个名称可以和 unit 字段约定的名称不同。同时，用户在输入数值时，可以根据需要选择所需的单位。以电阻组件 Modelica. Electrical. Analog. Basic. Resistor 为例，其温度参数可以选择℃和 K 两种单位。如果这里选择了非 SI 的单位，编译器会自动调用对应的函数将非 SI 单位转换为 SI 单位。

6. 1. 16　Modelica 标准库中组件的使用方法

在 Modelica 标准库中查找需要的组件时，可以在库浏览器中逐层查找，也可以在库浏览器中输入组件名称或关键字，该查找支持模糊查询。

在实际操作中，Modelica 标准库中的组件可以分为图形化和文本化两种操作方式。可进行图形化操作包括以 class、model、connector 和 block 定义的组件模型。这 4 种类型的组件可以直接将组件图标拖拽到建模界面的组件视图中，且拖拽后会在文本查看视图中添加相应的代码。

Function 定义的组件与上述 4 种类型组件在图形化操作时有所不同，具体可参考第 6. 1. 10 节的内容。

以上介绍了可以通过图形界面进行操作的几种组件，其他组件都只能通过文本化的方式进行操作，包括 record 和 type 等，其使用方法为在模型的文本查看视图中拖拽图标或直接增加代码。

6. 2　其他开源模型库

除第 6. 1 节提到的 Modelica 标准库，还有很多其他开源模型库，按照开发机构可以分为由 Modelica 协会（以下称 MA）开发的和非 MA 开发的模型库，部分开源模型库如表 6. 5 所示，更多详细内容可以在网站 https://modelica.org/libraries.html 上查看。

表 6.5 部分开源模型库

模型库名称	描述
Modelica _ Synchronous	用于精确定义和同步数据采样系统
VehicleInterfaces	用于车辆系统建模的接口定义和结构设计
Modelica-Compliance	Modelica 语义示例
Modelica _ LinearSystems2	提供线性时不变微分和差分方程系统的不同描述，以及对这些系统描述的典型操作
AixLib	用于建筑性能仿真
BioChem	用于生化建模和仿真
BondGraph	图形键合图建模库，包含常见的标准线性元件、传感器、特定的非线性元件，特别是液压网络
BondLib	使用键合图来构建物理系统模型
BuildingControlLib	用于对楼宇自动化系统中的标准化和非标准化控制功能进行建模仿真
Buildings	用于建筑能量和控制系统建模
BuildSysPro	用于建筑、地区和能源系统建模
FCSys	燃料电池模型库
PowerSystems	用于构建瞬态和稳态模式不同细节层次的电功率系统
ThermoSysPro	用于电厂和能量系统建模仿真，提供了燃烧、电机、流体、仪表和燃气等组件
ThermoPower	用于热电厂和能量转换系统的动态建模

参考文献

［1］陈立平，周凡利，丁建完，等．多领域物理统一建模语言 MODELICA 与 MWORKS 系统建模［M］．武汉：华中科技大学出版社，2019.

［2］刘艳芳，黎文勇．基于 Modelica 的物理系统建模方法［M］．北京：机械工业出版社，2020.

［3］黄彦平，曾小康，丁吉．基于 Modelica 的两相热工水力特性仿真模型架构与概念验证［J］．核动力工程，2021，42（1）：1-7.

［4］陈昌．基于面向对象的热流体系统建模方法及应用研究［D］．武汉：华中科技大学，2013.

［5］周佳玲，熊体凡，万立．支持网络建模和仿真的 Modelica 模型管理框架［J］．计算机辅助工程，2013，22（4）：71-75.

［6］魏昕，陈立平，龚雄．面向 Modelica 的模型库组织技术［J］．系统仿真技术及其应用，2009（11）：798-800.

［7］Peter Fritzson. Modelica 语言导论［M］．周凡利，译．武汉：华中科技大学出版社，2020.

［8］Peter Fritzson. Modelica 多领域物理系统建模详解与精通［M］．刘俊堂，郑党党，译．北京：航空工业出版社，2021.